基礎入門

改訂新版

8ピンPICマイコンの使い方がよくわかる本

後閑哲也 著

技術評論社

まえがき

　前著から 10 年近くが過ぎ、この間に PIC マイコンにも多くの新シリーズが発売されましたし、書籍で使っている部品も古くなり入手困難なものもあります。

　そこで、最新のデバイスに変更し、全体を一新して書き直すことにしました。相変わらず 8 ピンの PIC マイコンですが、内蔵周辺モジュールの種類や機能は大幅に拡張されていますから、できることも格段に高機能となりました。

　そこで本書では、前著に引き続き、初心者の方々でも製作可能で、より高機能で実用的な作品の作り方を紹介しています。液晶表示器や温湿度センサの使い方から、パソコンとの通信、Wi-Fi を使ってクラウドにデータを送信しグラフ表示させるところまで、具体的な製作方法を紹介しています。特に、今回はハードウェアにはブレッドボードを使いましたので、どなたでもすぐ同じことを試せるものと思います。

　さらに、プログラム開発には、最新のコード自動生成ツールである MCC（MPLAB Code Configurator）を使いましたので、グラフィカルな画面で設定するだけで、周辺モジュールの初期化関数や制御用関数を C 言語で自動生成してくれます。

　これでレジスタの設定から完全に開放されますから、データシートでいちいち調べることなく、自動生成されたメイン関数のひな型に、生成された関数を使ってコードを追加記述するだけで、高機能な周辺モジュールを使いこなすことができます。

　この便利な世界を読者の方々にもぜひ体験していただきたいと思います。

　本書の製作例では、できるだけ実用的なものということで、読者の方々が使ってみたいと思われるデバイスを選び、それぞれの具体的な使い方を解説しています。読者の方々が、これらの製作例をヒントにして、新たな作品にチャレンジしていただくきっかけとなれば幸いです。

　末筆になりましたが、本書の編集作業で大変お世話になった技術評論社の淡野正好氏に大いに感謝いたします。

2022 年 11 月　　後閑 哲也

目　次

第1章　PIC マイコンの概要　　11

▶▶ 1-1　PIC マイコンの特徴　　12

1-1-1　なぜ今 PIC マイコンなのか 12
1-1-2　PIC16F1 ファミリの種類 12
1-1-3　PIC16F18313 の詳細 14

▶▶ 1-2　PIC16F1 ファミリの内部構成と動作　　16

1-2-1　PIC16F1 ファミリの内部構成 16
1-2-2　プログラムメモリと命令の実行 16
1-2-3　データメモリと SFR レジスタ 18

▶▶ 1-3　ハードウェア設計ガイド　　20

1-3-1　電源 20
1-3-2　リセットピン 22
1-3-3　ICSP 23
1-3-4　クロック 24
1-3-5　リセット 26
1-3-6　コンフィギュレーション 27
　　　COLUMN　パスコンの役割 28
　　　COLUMN　電源とリセット 29
　　　COLUMN　電源の供給方法 31

▶▶ 1-4　プログラム開発環境　　34

1-4-1　ソフトウェアツールの概要 34
1-4-2　ハードウェアツールの概要 36

▶ **1-5** | **MCC のインストール方法** | 38

第**2**章 **プログラムの作り方** 41

▶ **2-1** | **MCC によるプログラム作成手順** | 42

▶ **2-2** | **プロジェクトの作成と MCC の起動** | 44

2-2-1 プロジェクトの作成 44
2-2-2 MCC の起動方法 47

▶ **2-3** | **クロックとコンフィギュレーション設定** | 49

▶ **2-4** | **MCC により生成されるプログラムの構成** | 51

2-4-1 MCC で生成されるコード 51
2-4-2 システムの初期化 53
2-4-3 ユーザ処理部の実行の流れ 54

▶ **2-5** | **コンパイルと書き込み実行** | 56

2-5-1 コンパイル 56
2-5-2 書き込み実行 58

▶ **2-6** | **実機デバッグの仕方** | 62

2-6-1 実機デバッグの開始方法 62
2-6-2 ブレークポイントの使い方 64
2-6-3 Watch 窓の使い方 65

第**3**章 入出力ピンの使い方 67

▶▶ **3-1** 入出力ピンとは 68

3-1-1 入出力ピンと SFR レジスタの関係 68
3-1-2 実際の使い方と電気的特性 71
3-1-3 関連レジスタ詳細 74

▶▶ **3-2** LED ボードのハードウェア製作 76

3-2-1 LED ボードの構成と機能 76
3-2-2 回路設計と組み立て 76

▶▶ **3-3** LED ボードのプログラム製作 81

3-3-1 MCC の設定 81
3-3-2 入出力の記述方法 83
3-3-3 LED ボードのプログラムの作成 84
3-3-4 プログラム動作確認 86

第**4**章 I²C 通信と I²C モジュールの使い方 87

▶▶ **4-1** I²C 通信と I²C モジュールの使い方 88

4-1-1 I²C 通信とは 88
4-1-2 I²C 通信のしくみ 88
4-1-3 I²C モジュールの使い方 91
4-1-4 MCC による I²C モジュールの設定と関数の使い方 92

▶▶ **4-2** 製作例 温湿度計の構成と機能仕様 94

4-2-1 温湿度計の機能と使用 94

▶ **4-3** | 温湿度計のハードウェアの製作 | **96**

4-3-1 液晶表示器の使い方 96
4-3-2 温湿度センサの使い方 100
4-3-3 回路設計と組み立て 102

▶ **4-4** | 温湿度計のプログラム製作 | **105**

4-4-1 MCC の設定 105
4-4-2 液晶表示器の制御方法 107
4-4-3 温湿度計のプログラムの作成 110
4-4-4 プログラム動作確認 114

第5章 タイマと割り込みの使い方 115

▶ **5-1** | 内蔵タイマの構成と使い方 | **116**

5-1-1 タイマ 0 の内部構成と動作 116
5-1-2 タイマ 1 の内部構成と動作 119
5-1-3 タイマ 2 の内部構成と動作 122

▶ **5-2** | 周波数カウンタの構成と機能仕様 | **124**

5-2-1 周波数カウンタの機能と仕様 124

▶ **5-3** | 周波数カウンタのハードウェアの製作 | **127**

5-3-1 リアルタイムクロックモジュールの使い方 127
5-3-2 オペアンプの使い方 127
5-3-3 回路設計と組み立て 129

▶▶ **5-4** | **周波数カウンタのプログラムの製作** 　**132**

5-4-1 MCC の設定 132

5-4-2 周波数カウンタのプログラム製作 135

5-4-3 プログラム動作確認 138

第**6**章 **シリアル通信と EUSART モジュールの使い方** 　**139**

▶▶ **6-1** | **シリアル通信と EUSART モジュールの使い方** 　**140**

6-1-1 調歩同期通信方式（非同期通信方式）とは 140

6-1-2 EUSART モジュールの内部構成と動作 141

6-1-3 MCC による EUSART モジュールの設定 143

▶▶ **6-2** | **GPS モニタの構成と機能仕様** 　**145**

6-2-1 GPS モニタの機能と仕様 145

▶▶ **6-3** | **GPS モニタのハードウェアの製作** 　**147**

6-3-1 GPS 受信モジュールの使い方.. 147

6-3-2 回路設計と組み立て 148

▶▶ **6-4** | **GPS モニタのプログラム製作** 　**151**

6-4-1 MCC の設定 151

6-4-2 GPS モニタのプログラム製作 153

6-4-3 動作確認.. 156

第7章 アナログ信号と A/D コンバータの使い方   157

▶▶ 7-1 A/D コンバータの使い方   158

7-1-1 A/D コンバータの構成と動作 158

7-1-2 MCC による A/D コンバータの設定 160

▶▶ 7-2 水準器の構成と機能仕様   162

7-2-1 水準器の構成と機能仕様 162

▶▶ 7-3 水準器のハードウェア製作   164

7-3-1 加速度センサの使い方 164

7-3-2 回路設計と組み立て 164

▶▶ 7-4 水準器のプログラム製作   168

7-4-1 MCC の設定 168

7-4-2 水準器のプログラム製作 170

7-4-3 動作確認 172

第8章 IoT ターミナルの製作   173

▶▶ 8-1 IoT ターミナルのシステム構成   174

8-1-1 IoT ターミナルのシステム構成 174

8-1-2 IoT ターミナルの構成と仕様 175

▶▶ 8-2 | Ambient クラウドの使い方　177

8-2-1　Ambient とは... 177

▶▶ 8-3 | IoT ターミナルのハードウェア製作　180

8-3-1　Wi-Fi モジュールの使い方 180
8-3-2　USB シリアル変換ケーブルの使い方............................. 182
8-3-3　回路設計と組み立て 183

▶ 8-4 | IoT ターミナルのプログラムの製作　186

8-4-1　MCC の設定 186
8-4-2　IoT ターミナルのプログラム製作................................ 189
8-4-3　動作確認 194
8-4-4　コンパイラのオプティマイズ.................................... 196

▶ 8-5 | グラフ設定方法とインターネット公開　198

8-5-1　Ambient へのユーザ登録方法 198
8-5-2　Ambient へのチャネル追加方法 198
8-5-3　インターネットへの公開 202

参考文献.. 203
部品の入手先.. 204
索引.. 206

第 **1** 章

PIC マイコンの概要

PIC16F1 ファミリの種類と、内部構成から命令実行の基本動作を説明します。

1-1 PICマイコンの特徴

▶ 1-1-1 なぜ今PICマイコンなのか

昨今ではmicro:bit、Arduino、Raspberry Piというシングルボードコンピュータとか、ワンボードマイコンと呼ばれる小型基板の完成したボードを使うことが多くなっています。またプログラム開発環境も専用の環境でPythonなどの言語を使うようになっています。

これらは私たちアマチュアが電子工作を始める入門用としては便利に使える道具ですし、筆者もよく使います。しかし、いざ使ってみると、外部接続できるセンサや制御デバイスなどに制限があるとか、形が変えられないとか、高速処理ができないとか、なかなか思うようにはいかないことを実感します。

このような場合、自らハードウェアも設計してみたいと思うことがしばしばです。そうはいっても電子工作の奥は深く、簡単にはできません。

そこで本書では、マイコン設計超入門という意味で、8ピンという超小型のPICマイクロコントローラを使って、とにかくハードウェアを設計して製作し、プログラムで動かしてみるということを試そうと思います。

このような趣旨ですので、ハードウェアは簡単に試せるようブレッドボードに組み込みます。できるだけ簡単な回路として、これならすぐ試せると思っていただけるように考えました。

プログラムの開発にもすべてフリーの無料の開発環境を使い、もっとも応用の効くC言語を使って進めます。唯一プログラムを書き込むための道具が必要になりますが、これも安価な製品を選択します。

さらに、最新のMPLAB Code Configurator（MCCと略）というプログラムコードの自動生成ツールを使いますので、面倒なレジスタの設定作業がすべてなくなります。これでデータシートを読む作業は必要なくなります。

用語解説
・breadboatrd
電子回路の試作実験用のはんだ付け不要の基板。

アドバイス
Microchip Technology社のホームページからダウンロードできます。

▶ 1-1-2 PIC16F1ファミリの種類

本書執筆時点で、PIC16F1ファミリの最新デバイスであるPIC16F1xxxxという下位桁が1xxxxという5桁のシリーズには、図1.1.1のようなシリーズがあります。

大きく少ピンシリーズと多ピンシリーズがありますが、本書では少ピンシリーズの中の最少ピン数の8ピンを扱います。8ピンのデバイスは種類が少ないのですが、その中でも高機能版かつ秋葉原で入手可能なPIC16F18313を選択しました。もちろんブレッドボードですからDIPパッケージのものを使います。

用語解説
・DIP
Dual In-Line Package
入出力ピンが外部に2列平行に出ているパッケージ。

少ピンシリーズ　　　　多ピンシリーズ

	8ピン	14ピン	20ピン	28ピン	40ピン	48ピン	64ピン
56kB 32kW							19197
				19156	19176	19186	19196
		18426	18446	18456			
28kB 16kW		18326	18346				
		18126	18146	18156	18176		
		18026	18046	18056	18076		
		17126	17146	17156	17176		
				15356	15376	15386	
				15256	15276		
				19155	19175	19185	19195
		18425	18445	18455			
		18325	18345				
14kB 8kW	18115	18125	18145	18155	18175		
	18015	18025	18045	18055	18075		
	17115	17125	17145	17155	17175		
		15325	15345	15355	15375	15385	
		15225	15245	15255	15275		
		18424	18444				
		18324	18344				
7kB 4kW	18114	18124	18144	18154	18174		
	18014	18024	18044	18054	18074		
	17114	17124	17144	17154	17174		
		15324	15344	15354			
	15214	15224	15244	15254	15274		
	18313	18323					
3.5kB 2kW	18013	18023					
	15313	15323					
	15213	15223	15243				

▲ 図 1.1.1　PIC16F1xxxx シリーズ一覧

▲ 写真 1.1.1　PIC16F18313

▶ 1-1-3 │ PIC16F18313 の詳細

本書で選択した8ピンの**PIC16F18313**の特徴は次のようになっています。
- 少ピンシリーズの中でも高機能
- アナログ、デジタル、通信などの多くの周辺モジュールを内蔵
- XLP対応で低消費電力
- ピン割り付け機能（PPS）によりピン配置を自由に変えられる
- ミッドレンジファミリのアーキテクチャで32MHzの高速動作
- C言語に最適化されている内部構成

PIC16F18313の内部構成は**図1.1.2**のようになっています。わずか8ピンしかないのですが、たくさんの周辺モジュールを内蔵しています。これらを全部同時に使うことはできませんが、使いたい周辺モジュールを任意の入出力ピンに接続して使うことができますので、いろいろ試すのには便利なPICマイコンです。

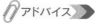

アドバイス

ピン割り付け機能（PPS）で、任意の入出力ピンに接続して使うことができます。

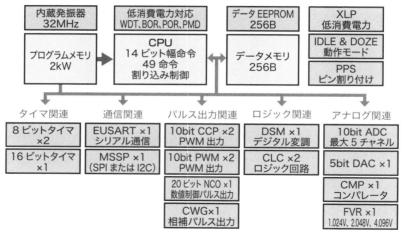

▲図 1.1.2　PIC16F18313 の内部構成

これらの内部モジュールの略号の意味と機能は、**表1.1.1**のようになっています。

▼表 1.1.1　内蔵モジュールの略号の意味と機能一覧

略号	略号の意味と機能
WDT	Watchdog Timer 番犬タイマで、プログラムの異常状態を検知し、リセットして初期状態に戻す
BOR	Brown-out Reset 電源の低下を検出して内部リセットにより停止させる機能
POR	Power-on Reset 電源が一定の電圧以上になったことで動作を開始させる機能
PMD	Peripheral Module Disable 周辺モジュールごとにクロックの供給を遮断して消費電流を最小にする機能
EEPROM	Electrically Erasable Programmable Read-Only Memory 電気的にバイト単位でデータの消去と書き込みが可能な ROM の 1 種
XLP	eXtreme Low Power 低消費電力化のマイクロチップ社の方式
IDLE & DOZE	クロックの供給方法を設定することで消費電流を少なくする機能
PPS	Peripheral Pin Select デジタル系の内蔵モジュールの入出力ピンを自由に設定できる機能
EUSART	Enhanced Universal Synchronous Asynchronous Receiver Transmitter 同期式、非同期式のシリアル通信を行う周辺モジュール
MSSP	Master Synchronous Serial Port SPI か I2C のシリアル通信を行う周辺モジュール
CCP	Capture/Compare/PWM 各種イベントのタイミング計測／制御、パルス幅変調信号を生成する周辺モジュール
PWM	Pulse-Width Modulator パルス幅変調信号を生成する周辺モジュール
NCO	Numerically Controlled Oscillator 50% 固定デューティサイクル（FDC）か、設定パルス幅（PFM）の周波数変調パルスの出力をする周辺モジュール。最大 20 ビットの周波数分解能を持つ
CWG	Complementary Waveform Generator 一つの PWM 入力から相補波形の PWM 信号を生成し出力する周辺モジュール。デッドバンド制御、自動シャットダウン制御付き
DSM	Data Signal Modulator IrDA、ASK、FSK、PSK などの通信用の変調器
CLC	Configurable Logic Cell 自由に構成可能なロジックセル（AND/OR/XOR/NOT/NAND/NOR/XNOR/FF/ ラッチ）で Sleep 時にも動作可能なハードウェアロジック
FVR	Fixed Voltage Reference 一定の電圧を生成しアナログモジュールに提供する周辺モジュール
ADC	Analog-to-Digital Converter アナログ信号の電圧をデジタル数値に変換する周辺モジュール
DAC	Digital-to-Analog Converter デジタル数値をアナログ電圧信号に変換して出力する周辺モジュール
CMP	Comparator アナログ電圧を比較して大小により High/Low のロジック信号を出力する周辺モジュール

1-2 PIC16F1 ファミリの内部構成と動作

PIC16F1 ファミリの内部構成から命令実行の基本動作を説明します。

1-2-1 PIC16F1 ファミリの内部構成

アドバイス
スタックメモリとは独立に備えられている小さなメモリで、サブルーチンを CALL 命令で呼んだときと、割り込みが入ったときの戻り番地の格納用として使われます。

用語解説
・ALU
Arithmetic Logic Unit の略。
・WREG
Working Register で 1 個だけ存在する。
・周辺モジュール
タイマや AD コンバータなどの内蔵モジュールのこと。

用語解説
・リテラル値
演算に使う定数のことで、命令の中に含まれている 8 ビットのデータ。

アドバイス
リテラルの場合は専用ルートで運ばれます。

8 ピン PIC16F1 ファミリの、本書で使う PIC16F18313 の内部構成を少し詳しく示すと、**図1.2.1**のようになっています。

PIC16F18313 の基本のメモリは、命令を格納するためのプログラムメモリと、データを格納するためのデータメモリで構成されています。左上側に命令を格納するプログラムメモリがあり、ここから命令が取り出されます。取り出された命令は命令デコード部で命令の種別の解析が行われ、命令実行は右下側の論理演算ユニット（ALU）で実行されます。このとき、演算に使われるデータは、一つは作業用レジスタ（WREG）で、もう一つは命令でアドレス指定されたデータメモリか、周辺モジュール内のレジスタ、または命令に含まれているリテラル値が使われ、データバスを経由して運ばれます。さらに演算結果は、WREG か読み出してきたデータメモリに上書きされます。

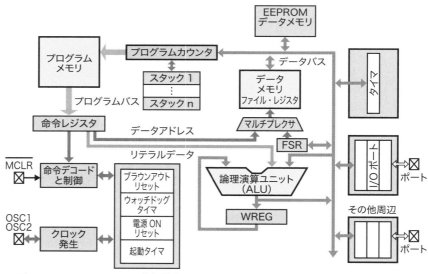
▲図 1.2.1 PIC16F18313 の内部構成

1-2-2 プログラムメモリと命令の実行

PIC16F18313 の命令を格納するプログラムメモリは、フラッシュメモリで構成され、すべて14ビット幅で構成された49種のアセンブラ命令（実際には機

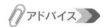

教えて

・なぜ最大 2,048 個
まで？
　フラッシュメモリの
サイズが 2,048 ワード
（3.5k バイト）である
ためです。

アドバイス

　プログラムカウンタ
は 15 ビット幅があり、
最大 32k ワードのアド
レスを指定することが
できますが、実際に実
装されているメモリ容
量で制限されます。

械語）が最大2,048個まで格納できるようになっています。通常は、最初の位置（0番地となる）から順番に格納するようにします。C言語を使う場合には、このメモリ内のプログラム配置は自動的に行われますので、気にしなくてもよいようになっています。

■命令の実行の動作

　実際の命令の実行の動作を説明します。

　まず、PIC16F1ファミリの中には**プログラムカウンタ（PC）**と呼ばれるカウンタが1個あり、このカウンタが次に実行する命令の場所（アドレスまたは番地という）を指し示すようになっています。これで指定された命令は14ビット幅で一度に読み出されて実行されます。

　このプログラムカウンタは電源オン時またはリセット時には0となるようになっており、さらに命令を1個取り出すと＋1されるようになっています。したがって、電源をオンあるいはリセットすると、命令は必ず0番地から実行され、次は1番地の命令が、その次は2番地の命令が実行されるというように順番に実行されます。しかし、ジャンプ命令という命令が実行されると、プログラムカウンタの内容が、**図1.2.2**の左下のようにジャンプ命令に含まれているジャンプ先のアドレスに書き換えられるため、次に実行する命令がジャンプ先として指定された場所の命令に変わります。

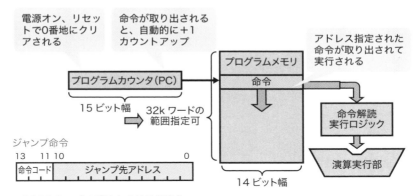

▲ 図 1.2.2　プログラムメモリの動作

> 　ジャンプ命令に含まれるジャンプ先アドレスは11ビットしかないため、命令で直接ジャンプできる範囲は2kWの範囲に限定されます。本書で使うPIC16F18313は2kWなので全範囲にジャンプできますが、これより容量の大きなメモリのPICでは「ページ切り替え」という方法で全空間にジャンプすることができるようになっています。本書ではこの詳細は省略します。他の書籍等でお調べください。

このようにして命令が実行されますが、実際の命令実行は命令実行部で行われます。この命令実行時の動作を図で表すと**図1.2.3**のようになります。

例えば加減算や論理演算などのバイト処理命令の場合には、論理演算ユニット部（ALU）で演算が実行されますが、演算対象となる2つのデータの内、ひとつはPIC16F1ファミリ内に1個だけある**ワーキングレジスタ（WREG）**と呼ばれる8ビットの一時メモリで、もう片方がデータメモリ内にある8ビットのデータのいずれかとなります。

このデータメモリ内のどのデータかは、命令の修飾部にある「f」部の7ビットで指定された場所（アドレスまたは番地という）で決定されます。このアドレス修飾部fが7ビットしかありませんから、命令で直接指定できるデータは0番地から127番地までの128個のいずれかひとつとなります。

こうして指定されたデータとWREGに対して、命令の中の命令コード部で指定された種類の演算が、論理演算ユニットで実行され、結果がALUから出力されます。この結果は、命令内の「d」ビットが0か1かにより、WREGかf番地のデータメモリに上書きされます。こうしてバイト演算命令の実行が終了します。

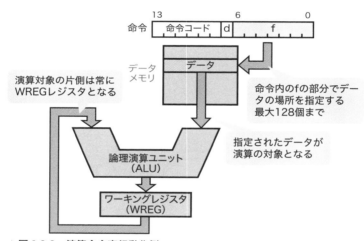

▲図1.2.3　演算命令実行動作例

1-2-3 ｜ データメモリと SFR レジスタ

PIC16F1ファミリ内のデータメモリは「ファイルレジスタ」とも呼ばれるようにレジスタの集合です。そのメモリの構成は、**図1.2.4**のような構成になっています。

ここでバンク（Bank）という言葉が出できます。これは、**図1.2.3**で説明したように命令で直接指定できるデータは128個までであまりにも少ないので、これを拡張するために工夫された方式のことです。バンクの原理は、特定番地のデータメモリ（BSRレジスタと呼ばれる）内の下位6ビットを設定することで、128バイト単位でデータメモリを切り替えて使えるようにしたものです。

アドバイス
実際に実装されているデータメモリ容量は、デバイスごとに異なります。

例えば、命令でBSRを0x01に設定すると、バンク1に切り替えられ、命令内のアドレス修飾fで指定した番地は、バンク1内の128バイトのいずれかとなります。いったん切り替えると、BSRを変更しなければそのまま残りますので、バンク1のままでプログラムが実行されます。このようにして、最大128バイト×64バンクで8192バイトまでデータメモリが拡張できることになります。

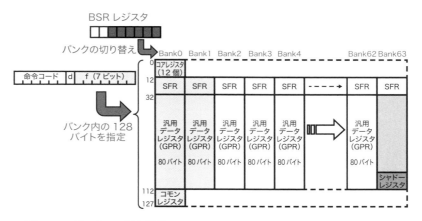

▲図1.2.4 データメモリの構成

参考
※1：タイマやADコンバータなどの内蔵モジュール。

参照
※2：詳細は「第3章 入出力ピンの使い方」を参照。

アドバイス
※3：このような方式を「メモリマップドI/O」と呼びます。

用語解説
・コアレジスタ領域
INDF0、INDF1、PCL、STATUS、FSR0L、FSR0H、FSR1L、FSR1H、BSR、WREG、PCLATH、INTCONの12個。

用語解説
・アセンブラ
アセンブリ言語（機械語）で記述するプログラミング方法。

ここで、図1.2.4で示したように、データメモリの各バンクの12番地から31番地までの20バイトは、特別な領域となっています。この場所にあるデータメモリは、データメモリ内には存在せず、周辺モジュール※1の中にあります。つまり、周辺モジュールの制御用レジスタの領域となっていて、SFR（Special Function Register）領域と呼ばれています。

例えばバンク0の12番地はPORTAと呼ばれるSFRレジスタで、PIC16F1ファミリの入出力ピンに対応しています。このPORTAレジスタ※2にデータを書き込むと、入出力ピンがHigh／Lowに制御され、PORTAレジスタを読み出すと、入出力ピンの電圧により0か1が入力されることになります。このように、周辺モジュールの制御はすべてSFRレジスタというデータメモリと同じ扱いのレジスタの読み書き※3で行うことができますので、簡単に制御することができます。

さらにこのデータメモリの中の0番地から11番地までは、すべてのバンクで同じ名前となっています。この領域をコアレジスタ領域と呼び、レジスタの実態は1個しかなく、どのバンクでアクセスしても同じものをアクセスすることになります。

例えばBSRレジスタもこの領域にあります。BSRレジスタは図1.2.4で説明したバンク切り替え用ですから、これでどのバンクにいてもバンク切り替えが自由にできることになります。

アセンブラでプログラムを記述する場合には、常にバンク切り替えを意識して切り替える必要がありますが、C言語を使う場合には、レジスタや変数の名前で扱えば、データメモリのどこを使うか、それに伴うバンク切り替え命令は自動的に追加してくれますので、バンクを意識しなくてもよいようになっています。

1-3 ハードウェア設計ガイド

PIC16F1シリーズのデータシートには、ハードウェア設計ガイドラインとしていくつかの項目の注意事項が記載されています。ここではそれらについて説明します。これらを守ることで確実にPICマイコンを使うことができます。

▶ 1-3-1 電源

電源供給方法に関するガイドラインは、**図1.3.1**のようになっています。

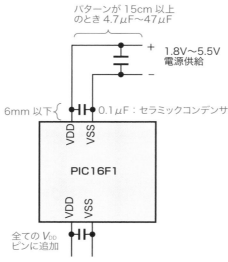

▲ 図 1.3.1　電源供給のガイドライン

用語解説

・ESR
Equivalent Series Resistance
　等価直列抵抗と呼ばれるコンデンサの内部インピーダンスのこと。

アドバイス

※1：積層セラミックコンデンサでかまいません。

① 電源の接続

　すべての電源ピン（V_{DD}）は電源に、すべてのグランドピン（V_{SS}）はグランドに接続します。また、すべての電源ピン（V_{DD}）には、隣接するグランドピン（V_{SS}）との間に、できるだけピンの近くにバイパスコンデンサを配置するように指定されています。容量は0.1μF（20Vの耐圧）以上で、ESRが小さく200MHz以上の共振周波数のセラミックコンデンサ[1]が推奨されています。

　さらにMHzオーダーのノイズを抑制するためには、上記バイパスコンデンサに並列に0.001μFから0.01μF程度のセラミックコンデンサを配置するよう推奨されています。

　表面実装のPICの場合は、同じ基板面で、6mm以下の距離にコンデンサを配置するよう推奨されています。プリント基板のパターンでは、先にコンデンサに接続してからPICに接続するような配線とし、基板上の電源供給元との距離が15cm以上になる場合は、4.7μFから47μFのコンデンサを追加するよう推奨されています。

② 電源電圧範囲と最高クロック周波数

PIC16F18313の電源は、表1.3.1のように1.8Vから5.5Vの範囲で可能ですが、PIC16FタイプとPIC16LFタイプで使える範囲が異なっています。さらに、電源電圧によりクロックの最高周波数も制限されますので注意が必要です。

参考

・PIC16LF タイプ
低消費電力版。

▼表 1.3.1　電源電圧範囲とクロック周波数

PIC 種類	電源電圧範囲	最高クロック周波数
PIC16F	2.3V 〜 2.5V	16MHz
	2.5V 〜 5.5V	32MHz
PIC16LF	1.8V 〜 2.5V	16MHz
	2.5V 〜 3.6V	32MHz

③ 消費電流

PIC16F18313の場合、マイコン本体の消費電流は表1.3.2のようになっています。最高速度で動作させても2mA程度と非常にわずかな消費電流となっています。

アドバイス

消費電流には、LED 点灯時などの入出力ピンから外部に流れる電流がこれに追加されます。

▼表 1.3.2　消費電流（V_{DD} = 3.0V）

条件	PIC16LF18313 消費電流（Typ）	PIC16F18313 消費電流（Typ）	備考
スリープ時	0.03 μ A	0.3 μ A	ベース電流
	0.4 μ A	0.5 μ A	WDT + LFINTOSC
4MHz 動作	292 μ A	302 μ A	外部発振（XT）
16MHz 動作	1.2mA	1.3mA	HFINTOSC
32MHz 動作	2.0mA	2.1mA	

参照

・LFINTOSC →
31kHz の内蔵発振器。第 1 章の 1-3-4
参照。
・HFINTOSC → 最高 32MHz の内蔵発振器。第 1 章の
1-3-4 参照。

コイン電池などで1年間動作させるような使い方では、「スリープ」というお休みモードを多用します。スリープ中はクロックが停止するのでプログラムが実行できませんから、この場合の実際の使い方は、間欠動作をさせることになります。つまり、常時はスリープ状態で何もしないでおき、ウォッチドッグタイマ（WDT）などのタイマを使って一定間隔でウェイクアップして必要な処理を実行し、またスリープに戻るという動作で使うことになります。

この場合、スリープ中はほぼWDTだけの消費電流になりますから、0.4 μ A程度と非常にわずかな消費電流となります。実行時間を短くし、スリープ時間を長くすれば、平均の消費電流を大幅に少なくできます。

用語解説

・ウェイクアップ
スリープから通常の実行状態に戻ること。

▶ 1-3-2 ｜ リセットピン

用語解説

・ICSP
In-Circuit Serial Programming
内蔵メモリにプログラムを書き込むための機能、方法。

アドバイス

※1：数MHzという高い周波数で動作するため、配線はできるだけ短くしてください。

注意

・スイッチに直列の抵抗を接続
※2：抵抗がないと瞬時に大きな電流が流れるため、スイッチ接点が溶着する可能性があります。

教えて

・なぜICSP用として使うことができなくなるの？
コンデンサにより、高い周波数が正常に伝わらなくなるためです。

MCLR（Master Clear）ピンは外部リセット用とプログラムの書き込み用に使われます。このMCLRピン周りの回路は図1.3.2のようにします。

最も簡単な例が図1.3.2(a)で、10kΩの抵抗でプルアップしているだけです。この場合にはMCLRのピンをICSP用にも直接接続することができます。ただし、このICSP関連の配線はできるだけ短くする※1ことが推奨されています。

図1.3.2(b)は外部リセットスイッチを追加した例で、この場合も直接ICSPピンとして接続することができます。

電源ラインからのノイズによりリセットされるのを避けるためには、図1.3.2(c)や図1.3.2(d)のようにコンデンサを追加します。スイッチには直列の抵抗を接続してコンデンサからの放電電流を制限※2します。

ただし、このようにコンデンサを追加した場合には、ICSP用として使うことができなくなりますので、書き込み済みのPICマイコンを使う場合や、別の回路で書き込むような場合に使います。

この回路でICSPを行う場合には、コンデンサをジャンパなどで切り離せるようにする必要があります。

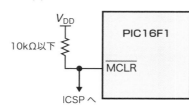
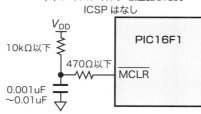
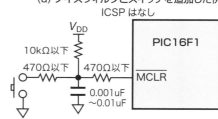

▲ 図1.3.2　リセットピンのガイドライン

▶ 1-3-3 | ICSP

ICSP（In-Circuit Serial Programming）とは、PICkit 4やMPLAB SNAPなどのプログラマ／デバッガでPICマイコンのフラッシュメモリにプログラムを書き込む方式のことです。その接続は**図1.3.3**のようにします。

アドバイス

少ピンPICの場合はRA0、RA1が使われますが、多ピンPICの場合はRB6、RB7ピンとなります。

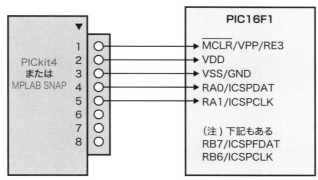

▲ 図1.3.3　ICSPの接続方法

ここでの注意事項は次のようになっています。

アドバイス

このVₚₚ電圧をトリガにして、PIC内部が書き込みモードに切り替わります。MPLAB SNAPにはこの機能はないので、LVPのみとなります。

用語解説

・コンフィギュレーション
プログラムを実行する前に、設定しておくべきハードウェアの動作設定をまとめたもの。第1章の1-3-6参照。

アドバイス

・入力ピンとして使う場合
接続されている回路にも書き込み信号が出力されるので、それで問題ないようにしておく必要があります。

用語解説

・ハイインピーダンス状態
なにも接続されていないのと同等になる。

❶ ICSPの書き込みモードには、「高電圧書き込み」と「低電圧書き込み（LVP）」の2種類があり、低電圧書き込みモードでは、V_{DD}の電源電圧だけで書き込みます。しかし高電圧書き込みモードでは、書き込み開始時にプログラマから MCLR ピンに最高9Vの V_{pp} 電圧が一瞬加えられます。したがって、他の回路とリセットを共用する場合には耐圧に注意が必要です。

❷ 低電圧書き込みと高電圧書き込みの切り替えは、コンフィギュレーションの設定で行います。フラッシュメモリのイレーズ状態、つまり初期状態では低電圧書き込みモードとなっており、これがデフォルトです。高電圧書き込みモードにするには、高電圧書き込みモードでしかできません。

❸ 低電圧書き込みモードの場合には、MCLRピンを汎用入力ピン（RA3）にすることはできません。

❹ ICSPDATとICSPCLKピンを汎用入出力ピンとして共用する場合には、出力ピンとして使う場合は問題ありませんが、入力ピンとして使う場合には、他の回路からの出力がICSP動作を妨げないようにする必要があります。つまりICSP時にはハイインピーダンス状態となっている必要があります。

❺ ICSP用のピンにはコンデンサやダイオードを付加するのは厳禁です。ICSPの高速動作を妨げるので正常な書き込み動作ができなくなります。また同様の理由で、ICSP関連の配線はできるだけ短くする必要があり、15cm以下が推奨されています。

注意

・**PICkit 4**
　MPLAB X IDE で出力を有効化する必要があります。

注意

・**MPLAB SNAP**
　電源供給機能がないため、高電圧書き込みモードは使えません。

用語解説

・**AVR/SAM**
　旧 Atmel 社のマイコン。
・**JTAG 方式**
　Joint Test Action Group の略。
　IC の検査、デバッグに使う接続方式。

❻ ターゲットボードの電源は、供給された状態で書き込みを行う必要があります。PICkit 4 は自身から電源を供給できますが、50mA までとなっています。MPLAB SNAP には電源供給機能がありません。同様の理由で MPLAB SNAP では高電圧書き込みはできません。

❼ プログラマの6、7、8ピンは PIC マイコンの場合は未使用で、AVR/SAM ファミリを使う場合か、JTAG 方式で書き込む場合に使用します。

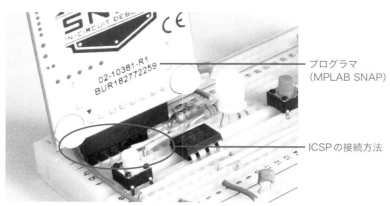

プログラマ（MPLAB SNAP）

ICSP の接続方法

▲写真 1.3.1　ICSP により接続

▶▶ 1-3-4 クロック

　PIC16F18313 のクロック信号を生成する内部回路は**図 1.3.4** のようになっています。システムクロックが CPU 本体用のクロック（F_{osc}）になります。図からわかるように、クロックを生成するには、図の左上側の回路を使って外付け部品で発振を行う方法と、図の左下側の内蔵発振器を使う方法の2つの方法があります。最近の PIC マイコンは内蔵発振器が使いやすくなっているため、大部分の用途で内蔵発振器が使われます。特に8ピンのように少ピンの場合には、これで発振に使う2ピンが汎用入出力ピンとして使えるようになります。

　どちらを使うかは後段のマルチプレクサで切り替えますが、この切り替えはコンフィギュレーションと呼ばれる設定で行います。コンフィギュレーションについては第1章の「1-3-6 コンフィギュレーション」を参照してください。

用語解説

・**コンフィギュレーション**
　プログラムを実行する前に設定しておくべきハードウェアの動作設定をまとめたもの。

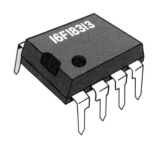

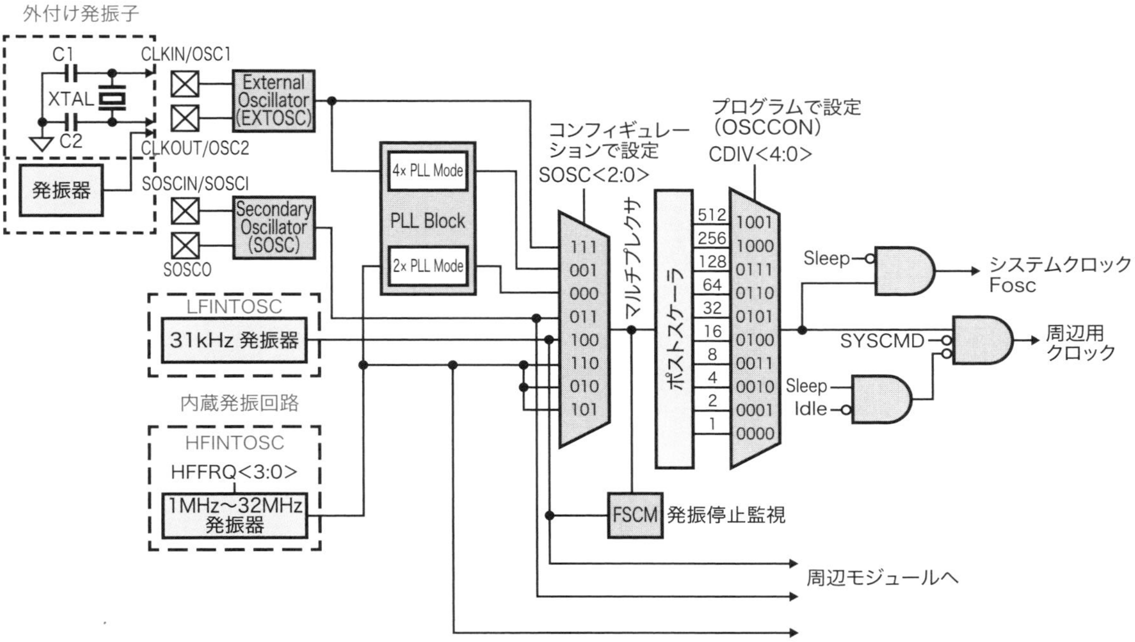

▲ 図1.3.4 クロック生成回路の構成

注意
　外付けの発振子は、本書では使わないので詳細は省略します。

用語解説
・クリスタル発振子、セラミック発振子
　電圧を加えると高精度の一定周波数で振動する電圧を出力する素子。

用語解説
・ウォッチドッグタイマ
　プログラムの正常性を監視するためのタイマ。

参考
・HFINTOSC
　0℃から60℃の範囲で±2%の精度。

① 外付けの発振子を使う方法

　PIC16F18313には**図1.3.4**の左上側のような発振回路が内蔵されており、OSC1ピンとOSC2ピン間にクリスタル発振子かセラミック発振子を接続することで発振回路を動作させてクロック信号を生成することができます（周波数範囲でHS、XT、LPモードに分かれている）。さらに内蔵発振回路は使わず、外部に発振器を設け、その発振出力をOSC1ピンに加えることでもクロック信号を供給することができます（ECモード）。

② 内蔵クロック発振回路を使う方法

　PIC16F18313は2種類の発振回路を内蔵していて、**図1.3.4**の左下側のような構成となっています。

　低速発振回路（LFINTOSC）は、31kHzの周波数のクロックを生成しています。この出力をシステムクロック信号としても使えますが、ウォッチドッグタイマや、長い時間間隔が必要なときのタイマ用クロックとしても使われます。

　高速内蔵発振回路（HFINTOSC）は、1MHzから32MHzまで設定できる発振器です。最近はほとんどの場合この内蔵発振器を使います。これで発振用の2ピンを入出力ピンとして使うことができます。

　クロック回路の最後にポストスケーラ（分周器）が接続されていて、プログラムで周波数が切り替えられるようになっています。低速動作で問題ない場合には周波数を下げることで、効果的に消費電流を少なくすることができます。

▶▶ 1-3-5 | リセット

PICマイコンのハードウェアは電源が投入されたときや、外部リセット信号が入ったときに内部回路を全て初期状態にします。この初期状態とはどんな状態かというと、

用語解説

・プログラムカウンタ
命令実行開始番地を指定するカウンタ。

- ・プログラムカウンタは0番地。
- ・内部で持っている命令の実行結果状態などの状態は、あらかじめ決められた状態に戻っている。
- ・タイマや周辺モジュールはあらかじめ決められた状態に戻っている。
- ・割り込みは全て禁止状態。

という状態で、いわゆるPICマイコンが全ての状態を初期化して何もしていない状態ということになります。これでわかるように、プログラムは常に0番地から実行開始となります。

PIC16F18313でリセットが発生する要因には次のような要因があります。

❶プログラム書き込み終了によるリセット

これにより書き込み終了後、自動的にプログラム実行が開始されます。

❷リセット命令によるリセット

RESET命令によるリセットです。

用語解説

・スタック
CALL命令と割り込み時に戻り番地を格納するメモリ。

❸スタックメモリのオーバーフロー、アンダーフローによるリセット

スタックメモリが一杯でオーバーフローしたときや、スタックメモリに戻り番地がないのにRETURN命令を実行したときのアンダーフローで発生するリセットです。

❹通常RUN状態でのMCLRピンによるリセット

強制リセットに当たるもので、リセットスイッチや外部からの信号などによる意図的なリセットです。

❺RUN状態でのウォッチドッグタイマのタイムアップによるリセット

プログラム暴走などの異常状態を検出したときの自動リセットです。スリープ中はリセットではなくリスタート動作となります。

用語解説

・リスタート動作
スリープ命令の次の命令から実行を再開する。

❻電源ONリセット（POR）

これが初期スタートの基本ですが、パワーアップタイマなどの条件が加わっています。

❼ブラウンアウトリセット機能によるリセット（BORとLPBOR）

電源電圧低下検出による強制リセットで、電源の異常が考えられます。検出スレッショルド電圧が選択できます。

用語解説

・パワーアップタイマ
電源オン検出後、一定時間待ってからプログラム実行を開始させるためのタイマ。

これらのリセットの条件は、**図1.3.5**のリセットの内部回路ブロックで確認できます。パワーオンやブラウンアウトなどの電源に関連するリセットだけが特別な扱いになっていることが分かります。

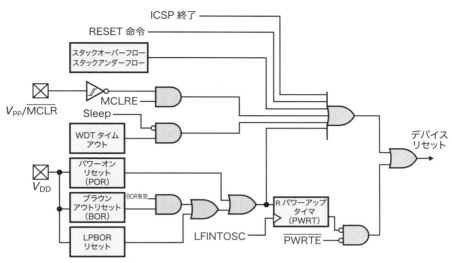

▲図 1.3.5　リセット回路ブロック（データシートより）

▶▶ 1-3-6 ｜ コンフィギュレーション

　PICマイコンを動かすために必ず設定しなければならない項目として**コンフィギュレーション**があります。コンフィギュレーションを設定することで、PICマイコンの基本的なハードウェアとしての動作を決定しますので、この設定を行わないとPICマイコンは動きません。

　設定は、PICマイコンのプログラムを書き込む際に一緒に行います。PIC16F18313の場合にコンフィギュレーションで設定する項目とデフォルト値は**表1.3.3**のような項目となっています。

　通常は表中に色で網伏せした項目だけ設定すれば残りはデフォルトのままで問題なく動作します。さらに本書ではこの設定はMCCで行いますので詳細説明は省略します。

アドバイス

　クロックの選択とWDT（ウォッチドッグタイマ）の無効化を設定します。

用語解説

・MCC
　M P L A B　Code Configurator
　プログラムコード自動生成ツール。

▼表 1.3.3　コンフィギュレーション設定項目

項目	設定内容	デフォルト値
FCMEN	クロックの監視をする	ON（有効）
CSWEN	クロックの切り替えを有効にする	ON（有効）
CLKOUTEN	クロック信号を外部出力する	OFF（無効）
RSTOSC<2:0>	電源オン時のクロック選択	111（EXTOSC）
FEXTOSC<2:0>	外部発振のモード選択	111（EC）
DEBUG	デバッグを有効にする	OFF（無効）
STVREN	スタック異常によるリセット	ON（有効）
PPS1WAY	ピン選択を1回だけ有効にする	ON（有効）
BORV	BOR の電圧の選択	LOW（1.9V か 2.45V）
BOREN<1:0>	BOR を有効にする	11（常時有効）
LPBOREN	低電力 BOR を有効にする	OFF（無効）
WDTE<1:0>	WDT を有効にする	11（常時有効）
PWRTE	パワーアップタイマを有効にする	OFF（無効）
MCLRE	MCLR ピンを有効にする	ON（有効）
LVP	LVP を有効にする	ON（有効）
WRT<1:0>	メモリ書き込み保護を有効にする	11（すべて無効）
CPD	EEPROM 書き込み保護を有効にする	OFF（無効）
CP	フラッシュメモリ保護を有効にする	OFF（無効）

COLUMN　パスコンの役割

　電源については注意することがあります。マイコンの電源関連でトラブルが多いのは、出力ピンの信号が切り替わる瞬間の電源ノイズに関する問題です。問題が起きるのは、図コラム -1 のような場合です。複数の IC が基板上に実装されている場合で、例えば IC2 でパルス状に大きな電流[1]が流れるとします。そして IC2 と電源の間に IC1（PIC マイコン等）が接続されているとします。

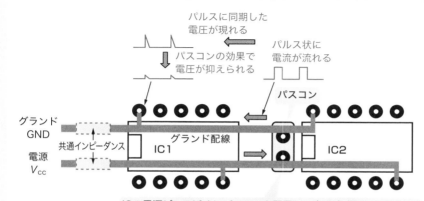

ICの電源ピンの近くにパスコンを配置して高周波成分を吸収する。
0.1〜1μFのセラミックコンデンサ

▲図コラム -1　パスコンの働き

この場合、パルスの High ／ Low が変化するエッジ部分では変化が大きく、高い周波数成分を含むため、電源と IC1 の間の配線が IC1 と IC2 の「共通インピーダンス[2]」つまり抵抗成分となり、IC2 の周波数の高い成分のパルス電流によって、IC1 の電源やグランド端子の位置でパルス上の電圧を発生させてしまいます。このノイズ成分の電圧が高くなると、IC1 は入力信号がないにもかかわらず信号があることになってしまいますから誤作動してしまうことになります。

このような問題を避けるには、図コラム -1 のように、IC2 の電源ピンの近くで、電源とグランドとの間にコンデンサを挿入します。こうしておけば、急に IC2 に電気を流さなければならないとき、電源からすぐには供給できない場合でも、一時的にコンデンサから放電して急場をしのぐことができます。

この際、コンデンサに高周波でも動作するものを選べば、高い周波数で電流が変動するときでも、このコンデンサから電源を一時的に放電して供給することができます。

これで電源から直接高い周波数のパルス電流をすぐ流さなくてもよくなりますから、共通インピーダンスでのノイズ電圧が抑制されることになり、図の波形のようにパルス状の電圧が抑圧され、IC1 の誤動作要因をなくすことが可能になります。

このように電源回路の途中に挿入するコンデンサのことをパスコンとかバイパスコンデンサと呼びます。パスコンの効果は電源の供給を手助けすることで、グランドに流れるパルス電流をバイパスしてノイズ電圧を減らすことができるため、特に高い周波数で動作するデジタル回路の誤動作を効果的に減らすことができます。

デジタル回路で IC を使うときには、少なくとも 1 個の IC につき 1 個のコンデンサを、IC の電源ピンのすぐ近くに配置するようにします。PIC マイコンには必ず 1 個は必要です。これで誤動作の悩みから解放されます。

また、大電流を流す負荷の場合にも、そのオン／オフ時の変動の影響を避けるため、負荷の電源には大きめのパスコン[3]を付加します。

※1：モータ制御用のドライバ IC などで、モータを起動するとき。
※2：配線パターンがコイルの役割を持つことで発生する。
※3：電解コンデンサが使われることが多い。

COLUMN　電源とリセット

一般的なマイクロコンピュータ関連で、解決が難しくて常にトラブルの種になるのは、電源がオン／オフする瞬間のときと、電源が瞬時低下したときです。PIC マイコンにはこれらの問題を回避するためスタートアップシーケンスとブラウンアウトリセット（BOR）という機能が組み込まれています。

①スタートアップシーケンス

電源がオンになったとき、自動的に PIC マイコンが正常スタートするようにするには、電源が入ったとき確実にリセットがかかるようにすることが必要です。しかも、電源電圧が正常動作が保証されている規定電圧になるまで、継続してリセットがかかっていることが必要です。そうしないと、電源が安定な電圧に達するまでの短時間の間に、PIC マイコンが不安定な動きをしたり、最悪の場合には電圧が正常になった後でも起動しなかったりしてしまいます。

このような状態を避けるため、PIC マイコンには電源が入ったときに図コラム -2 のようなスタートアップシーケンスが組み込まれています。さらにこのシーケンスは、コンフィギュレーションの設定で、有効にするか無効にする[1]かを指定できるようになっています。

図のように、電源を投入後、電源電圧が規定電圧 1.6V を超えた時点で内部 RESET が発生し、T_{PWRT} 時間[2]の間持続します。これは標準で 65msec です。一般の電源の出力電圧が安定な出力になるのは、これよりかなり短時間ですから、この間で電源電圧が確実に安定することになります。

　またこの時間で、クロックが安定な発振状態になる時間も確保しています。クリスタル発振子やセラミック発振子による外部発振子の場合には、発振を始めるとき、すぐには安定な発振状態にはならず、徐々に発振振幅が大きくなって安定するという特性があるためです。この安定までの時間は長いものでも数 msec なので、電源投入後 65msec も経っていれば、発振回路は確実に安定な発振状態となっているはずです。

　内蔵発振器や外部発振器によるクロックの場合は、この直後から CPU へのクロック供給を開始しますが、外部発振子の場合には、さらにクロック発振の確認のためクロックカウントを 1024 回実行します。この時間が T_{OST} です。ここで 1024 回カウントできないということは、正常にクロックが発振していない状態だということになりますから、リセットをかけたままで停止状態とし、不安定な動作をしないようにしています。

　このようにクロック回路の安定動作まで考慮に入れたスタートアップシーケンスにより、いろいろな特性の電源に対しても確実なスタートができるようになっています。これらの条件が整ったあと内部 RESET がオフとなり、命令実行が 0 番地から開始されます。

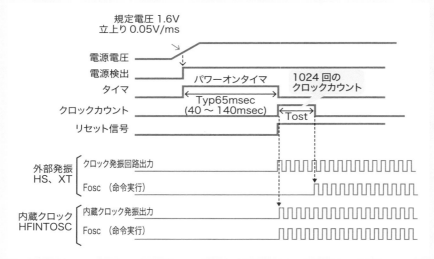

▲図コラム -2　スタートアップシーケンス

② ブラウンアウトリセット（BOR）

　電源は、常時は一定の電圧で安定供給しています。しかし、例えば突然の停電とか、瞬時停電とかが発生したときには、電源の供給元である商用電源がなくなるわけですから、電源電圧降下や突然の切断が起きます。このようなときには、電源電圧は素直に 0V になるのではなく、何回か瞬時電圧低下したり、オフ／オンを何度も短時間に繰り返したりするなど不安定な状態となることがあります。このような場合の誤動作対策が最も難しく、トラブルを引き起こす機会も多くあります。

　このように、PIC マイコンが動作中に、突然電源が切れたり電圧が低下したりしたとき、確実に PIC マイコンを止めることも重要です。このためには、電源が降下する間に早めにリセットをかけて、PIC マイコンが不安定な動作をして余計な信号を外部に出したりすることがないようにする必要があります。

　PIC マイコンには、このための電圧監視回路が内蔵されておりブラウンアウトリセット（BOR：Brown-out Reset）と呼ばれています。PIC マイコンの BOR 機能のシーケンスは図コラム -3 のパターン A や B のようになっており、スレッショルド電圧より電圧が下がると内部的に強制リセット信号が出力され PIC マイコンはリセットで停止します。このあと電源電圧がスレッショルド以上の電圧に戻ってから、パワーアップタイマ（T_{PWRT}）のタイムアップ（65msec）後にリセットが解除されプログラム実行が再スタートします。

　電源の瞬断が続けて発生するような不安定なときには、電圧低下が連続して発生することがあります。そのようなときには図コラム -3 のパターン C のように、一旦電圧が復旧後 65msec 以内に再度低下する現象が起きたときには、内部リセットは連続して出力されたままとなって、PIC は停止状態を継続します。最後に電圧が復旧してから 65msec 後にリセットが解除されて再スタートします。

　このブラウンアウトのスレッショルド電圧は、コンフィギュレーションビットで設定することができ、PIC16F18313 では、2.7V、2.45V[3] の 2 つの選択肢がありますから、使う電源電圧に合わせて設定します。

　さらにこのスレッショルド電圧には Typ 25mV のヒステリシス[4] が設けられていますので、電源電圧がスレッショルドぎりぎりの場合でも安定な動作をするようになっています。

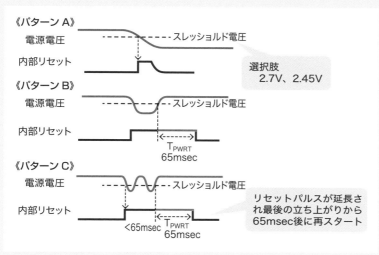

▲ 図コラム -3　ブラウンアウトリセット

※ 1：外部回路で制御する場合など。
※ 2：パワーアップタイマの時間。
※ 3：PIC16LF18313 のみ 1.9V がある。
※ 4：上下の判定などに差を設けること。

COLUMN　電源の供給方法

　PIC マイコンを動作させるために必要な電源の供給方法には、次のような方法があります。

① 電池から直接供給する方法

　電池から直接直流電圧を供給する方法で、乾電池、ニッカド、ニッケル水素、リチウムポリマなど多くの電池が使えます。それぞれの代表的なものの単体での出力電圧と電池容量は、表コラム -1 のようになっています。

▼ 表コラム -1　電池の出力電圧と電池容量

電池種類	サイズ	電圧 (V)	容量 (mAh)	備考
アルカリ乾電池	単 4	1.5	約 700	Panasonic EVOLTA
	単 3		約 1,600	
ニッカド充電池	単 4	1.25	250 ～ 400	
	単 3		700 ～ 1,000	
ニッケル水素充電池	単 4	1.25	750 ～ 930	eneloop
	単 3		1,900 ～ 2,500	
リチウムポリマ充電池	角型	3.7	1,100	50x35x6.5mm
リチウムイオン充電池	18650 型	3.7	2,600 ～ 3,500	KEEPPOWER
コイン電池	CR	3.0	220	CR2032

※ 2022 年 10 月執筆時

　PIC16F マイコンの電源としては 2.3V 以上[1] が必要ですから、コイン電池とリチウム電池以外は 2 本～ 3 本を直列接続して使います。コイン電池は 3.0V、リチウム電池の場合には、3.7V の電圧出力がありますから、1 個で直接供給ができます。

　電池でどれくらいの時間動作させられるかは、電池容量を消費電流で割り算すれば求められます。したがって、電池で長時間動作させる場合には、消費電流をいかに少なくするかが重要な課題となります。

　電池から直接供給する場合には、電池の消耗により電圧が降下しますから電圧が変動することになります。ゆっくりとした変動ですから動作に支障はありませんが、アナログ信号の計測[2] をするような場合には精度が変動してしまいます。このような場合には、電源電圧を一定の電圧にして動作させる必要があります。電源電圧を一定にするにはレギュレータを使います。

② 外部電源または AC アダプタから供給する方法

　電池でなく商用電源から供給する場合には、AC/DC 電源や AC アダプタを使います。この場合には、適切な電圧の電源を選択すれば直接供給も可能ですが、必要な電圧と異なる電源を使う場合や、電源からのノイズを避けるためには、やはりレギュレータを使って電圧を安定化したり変換したりする必要があります。

③ レギュレータを使って安定化する方法

　電圧が異なる場合や、変動する電圧を一定の電圧に安定化する場合には、レギュレータを使います。

　このような場合に使うレギュレータとしては、表コラム -2 のような 3 端子レギュレータとか、リニアレギュレータと呼ばれる IC を使います。外観は写真コラム -1 のようになっています。安定化電源に必要なすべての機能が 3 ピンのパッケージ内に集積されていて、まず間違いなく動作しますのでよく使われています。

　基本的に降圧タイプですので、出力電圧より入力電圧を高くします。最近は低ドロップタイプ（LDO）といわれるものが一般的になっています。低ドロップタイプの場合には、入力電圧が出力電圧より 0.2 から 0.5V 程度以上高ければ、一定電圧出力が安定に出るようになっています。この電圧差が小さいほどレギュレータ自身で発生する熱が少なくできますし、バッテリのときはより低い電圧まで使えることになりますから効率よく使えます。

▼ 表コラム -2　3端子レギュレータ IC の例（東芝データシートより）

品名	入力電圧	出力電圧種類	出力電流容量	外観
大型タイプ	Max 16V	1.5、1.8、2.5 3.3、5.0	1.5A 以下	HSOP 表面実装型
小型タイプ	Max 16V	1.8、2.0、2.5 3.0、3.3、5.0	250mA 以下	SOT-89 表面実装型

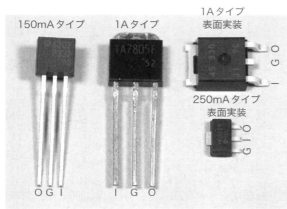

（O:出力　G：グランド　I：入力）

▲ 写真コラム -1　3端子レギュレータの外観

　3端子レギュレータを必要な電圧と電流で使い分けをしますが、回路はどれでも同じ構成となり図コラム - 4 のような簡単な回路構成で使うことができます。

　入力側の AC アダプタなどの電源には、（出力電圧＋入出力間最小電圧差）以上でできるだけ低い電圧のものを使うようにします。あまり電圧が高い AC アダプタを使うと、3端子レギュレータでのロスが大きくなり発熱[3] が多くなってしまいますので要注意です。つまり入出力間の電位差が少ないほど発熱も少なくなります。

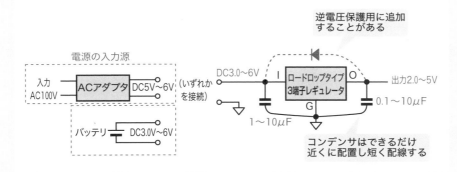

▲ 図コラム - 4　3端子レギュレータの回路

※ 1：PIC16LF の場合は 1.8V 以上。
※ 2：内蔵の定電圧モジュール（FVR）を使う方法もある。
※ 3：入出力間電圧差×出力電流が熱になる。

1-4 プログラム開発環境

▶▶ 1-4-1 | ソフトウェアツールの概要

本書執筆時点でマイクロチップ社から提供されているプログラム開発に必要なソフトウェアツールは**図 1.4.1**のようになっていて、すべてマイクロチップ社のウェブサイトから無料でダウンロードできます。

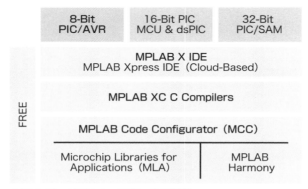

▲ 図 1.4.1　ソフトウェアツールの種類

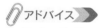

開 発 環 境 は Windows 以 外 に Linux でも Mac でも 使えます。

本書では、この表中の「**8-Bit PIC/AVR**」の範囲が対象で、Windowsベースとします。この図からソフトウェアツールとして必須なのは、MPLAB X IDEとMPLAB XC Cコンパイラです。なお、本書ではさらにコードの自動生成ツールであるMPLAB Code Configurator（MCC）を使います。

① MPLAB X IDE

MPLAB X IDEはIDE（Integrated Development Environment：統合開発環境）と呼ばれているソフトウェア開発環境で、どなたでも自由にダウンロードして使うことができますし、8ビットから32ビットまですべて共通で使える環境になっていますので便利なものです。

このMPLAB X IDEの内部構成は、**図 1.4.2**のように多くのプログラムの集合体となっています。

全体を統合管理するプロジェクトマネージャがいて、これにソースファイルを編集するためのエディタと、できたプログラムをデバッグするためのソースレベルデバッガが用意されています。そのほかにPlug-inとして数多くのオプションが用意されています。MPLAB Code ConfiguratorもこのPlug-inのひとつとして提供されています。

MPLAB X IDE / MPLAB XPRESS IDE				
エディタ	プロジェクトマネージャ		ソースレベルデバッガ	
ソフトウェア	シミュレータ	デバッガ	プログラマ	プラグイン
XC Compiler	MPLAB SIM Simulator	Starter kits	MPLAB PM3	MPLAB Code Configurator
MPLAB Harmony	Device Blocks for Simulink	PICkit 4/MPLAB SNAP		MPLAB Harmony Configurator
Library for Application	Simulink	MPLAB ICD4		Microchip Plug-Ins
サードパーティ製コンパイラ	Proteus SPICE	サードパーティ製エミュレータ/デバッガ	Gang Programmer	RTOS Viewer
RTOS				Community Plug-Ins
Version Control				

▲図 1.4.2　MPLAB X IDE の構成

② C コンパイラ

　マイクロチップ社から提供されている、PICマイコン用のCコンパイラは
MPLAB XC Suite として**図 1.4.3**の種類が提供されています。8ビット用の
MPLAB XC8と、16ビット用のMPLAB XC16、さらに32ビット用のMPLAB
XC32/XC32++と、ファミリごとにそれぞれ独立したものとなっています。そ
れぞれに無償版のFreeバージョンと有償版のPRO版とがありますが、この両
者の違いは最適化機能だけで、コンパイラ機能はいずれもすべて使うことがで
きます。またそれぞれ一定期間ごとにバージョンアップが行われていますので、
常に最新版を使うようにしましょう。複数のバージョンをインストールするこ
とも可能で、使う際に選択することができます。

用語解説

・**最適化機能**
　生成されるコードを
最少サイズにしたり、
最速にしたりする機能。

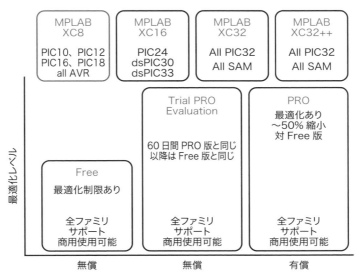

▲図 1.4.3　XC コンパイラの種類

③ MPLAB Code Configurator（MCC）

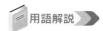

用語解説

・プラグイン
　オプション機能を後から追加できるようにしたプログラムモジュール。

MPLAB X IDEには数多くのツールがプラグインとして用意されています。そのプラグインの中にMCC（**MPLAB Code Configurator**）という「コード自動生成ツール」があります（**図1.4.2**参照）。

MCCではグラフィカルな画面で周辺モジュールの機能を設定するだけで、周辺モジュールを使うために必要な初期化関数や制御関数を自動で生成してくれます。これにより、面倒な周辺モジュールのレジスタ設定をする必要がなくなります。さらにユーザアプリケーション作成では、これらの制御関数を使うことで効率よく作成できます。

参考

執筆時点のバージョンは、V5.1.0 を使用しました。

MCCは初期のころからかなりのバージョンアップを重ねていて、画面構成がそれぞれのバージョンでかなり異なっています。本書では、執筆時点で最新のバージョンのMCCを使っています。

▶ 1-4-2 ｜ ハードウェアツールの概要

MPLAB X IDEででき上がったプログラムを書き込んだり、実機デバッグをしたりするためには、プログラマ／デバッガというハードウェアツールが必要です。現在マイクロチップ社が用意しているツールには**表1.4.1**のようなものがあります。

▼ 表 1.4.1　ハードウェアツールの種類と機能差異

機能項目	PICkit 3	PICkit 4	MPLAB SNAP	MPLAB ICD3	MPLAB ICD4
USB 通信速度	フルスピード（12Mbps）	フルスピードまたはハイスピード（480Mbps）			
USB ドライバ	HID			マイクロチップ専用ドライバ	
シリアライズ USB	可能（複数ツールの同時接続が可能）				
ターゲットボードへの電源供給	可能（Max 30mA）	可能（Max 50mA）	不可	可能（Max 100mA）	可能（Max 1A）*
ターゲットサポート電源電圧	1.8 ～ 5V	1.2 ～ 5.5V	1.4 ～ 5V	1.65 ～ 5V	
外部接続コネクタ	6 ピンヘッダ	8 ピンヘッダ	8 ピンヘッダ	RJ-11	RJ1-451/RJ
JTAG 対応（SAM ファミリ対応）	×	○	○	×	○
過電圧、過電流保護	ソフトウェア処理			ハードウェア処理	
ブレークポイント	単純ブレーク			複合ブレーク設定可能	
ブレークポイント個数	1 から 3			最大 1000（ソフトウェアブレーク含む）	

用語解説

・ハイスピード USB
　480Mbps という高速で動作する USB の規格。

PICkit 4 と MPLAB SNAP と MPLAB ICD4 が標準製品です。PICkit 4 か MPLAB SNAP が安価で個人用に適していて、パソコンとの接続も USB のハイスピードで高速動作ですので、実機デバッグがストレスなくできますからお勧めです。PICkit4 はターゲットのボードに電源供給できますが、MPLAB SNAP はできないというのが大きな差異ですが、通常はボードに別途電源を供

給しながら作業をすることが大部分ですので差はないといってよいでしょう。

　Pickit 3は旧製品で、すでに購入できなくなっていますが、まだ使われていますし、もっている方も多いので本書でも説明しておきます。

▲写真 1.4.1　PICkit4

▲写真 1.4.2　MPLAB SNAP

　MPLAB X IDE、MPLAB XC8 Compilerは頻繁にバージョンアップされることから、インストールの方法、使い方は本書では解説していません。関連書もしくはインターネット等で公開されている情報を参照してください。

1-5 MCC のインストール方法

MPLAB X IDE V6.0.0 と MPLAB XC8 Compiler V2.35 のインストールが完了した状態から MCC をインストールします。MCC のインストールは簡単です。もともと MPLAB X IDE のプラグインですから、次の手順でインストールできます。ただし、インストール時にはネットワーク経由で最新版をダウンロードしますので、インターネットに接続されていることが必要です。

MPLAB X IDE を起動後、メインメニューからつぎの手順でインストールします。

① 〔Tools〕→〔Plugins〕を選択

参考

・Available
「利用（使用）可能」という意味。

これで開く図1.5.1のダイアログで〔Available Plugins〕タグを選択します。これで表示されるプラグインの一覧表から、「MPLAB Code Configurator」の前の四角にチェックを入れます。これで右側の窓にプログラムの詳細が表示されます。本書では Ver5.1.17 を使っています。確認後、左下の方にある〔Install〕ボタンをクリックすればインストール開始です。

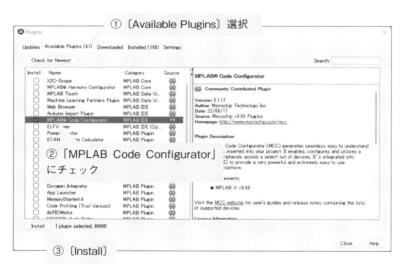

▲ 図 1.5.1 Plugins の選択

② ライセンス認証の確認

続いて**図1.5.2**の右側のダイアログになりますから、そのまま〔Next〕とし、次は左側のダイアログになりますから「I accept・・・」にチェックを入れてから〔Install〕ボタンをクリックします。これで実際のインストールが開始されます。

▲図 1.5.2　MCC のインストール

③ インストール後 Finish

インストール中は**図1.5.3(a)**のように、インストールの進捗がバーで表示され、100%になったあと、**図1.5.3(b)**のようにリスタートを促すダイアログになりますから、ここでは「Restart Now」のまま〔Finish〕ボタンをクリックします。これで、MPLAB X IDEそのものがいったん終了し再起動します。

▲図1.5.3　MCCのインストール

④ **再起動後の MCC のアイコン確認**

・グレーアウト
選択できない状態
のこと。

参照
→ 図2.2.5 (p.46)

MPLAB X IDEが再起動すると、**図1.5.4**のようにグレーアウトしたMCCの起動アイコンがメインメニューに追加されているはずです。このグレーアウトは、プロジェクトを作成すると選択可能な青色のアイコンに変わります。

⑤MCCのアイコン

▲図1.5.4　MCC の起動アイコンの確認

これでMCCのインストール作業は完了です。この後は、MPLAB X IDEを起動するだけで、常にMCCアイコンが追加された状態となります。

第2章

プログラムの作り方

　本書では MPLAB Code Configurator（MCC）を使って
C 言語でプログラムを作成します。この MCC を使ったプロ
グラムの作り方の基本の説明をします。C 言語そのものの
文法などの詳細は別途 C 言語の書籍などを参考にしてくだ
さい。

2-1 MCC によるプログラム作成手順

用語解説

・MCC
　プログラムを開発する際に必須のPICマイコンの周辺モジュール関連のプログラムコードを自動的に生成するツール。

本書では、すべての例題のプログラムの作成にMPLAB X IDEに加えてMPLAB Code Configurator（MCCと略）を使います。

MCCを使った場合のプログラム作成の手順は**図2.1.1**のようになります。

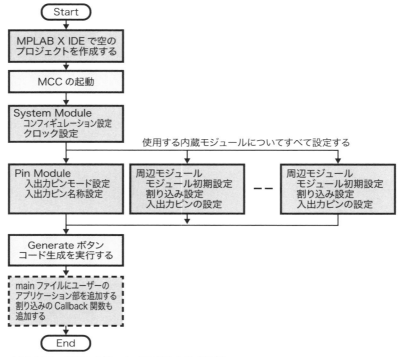

▲図 2.1.1　MCC を使ったプログラム作成手順

手順の詳細は次のようになります。実際の手順は「2-2 プロジェクトの作成とMCCの起動」以降で説明します。

❶ 空のプロジェクトを作成する

参照

・MPLAB X IDE
　→ p.44

MCCを使う前にMPLAB X IDEで空のプロジェクトを作成します。プロジェクトを作成すると、ソースファイルが何もない入れ物だけのプロジェクトができたことになります。

アドバイス

　プロジェクトごとにフォルダが生成されてファイルの格納場所となります。

❷ MCC を起動する

MPLAB X IDEのMCCのアイコンをクリックしてMCCを起動します。起動にはかなりの時間がかかりますので、しばらくお待ちください。起動後、MCCの種類で〔Classic〕を選択するとMCCの操作画面になりますから、ここから設定を開始します（**図2.2.6**参照）。

❸ クロックとコンフィギュレーションの設定

　最初は「System Module」の設定で、クロックとコンフィギュレーションの設定画面となっていますから、ここでクロックの発振方法とコンフィギュレーションの設定を行います。

❹ 周辺モジュールの設定

　使う周辺モジュールを［Device Resources］の窓から選択すると、設定用画面が切り替わりますから、そこで周辺モジュールごとの設定を行います。使う周辺モジュールすべてについて設定を行います。

　周辺モジュールの設定には、入出力ピンの設定も含まれますから、［Pin Manager Grid View］の窓で設定を追加します。特にピンアサイン機能を使っている周辺モジュールはこれを行わないと動作しません。

　さらに［Pin Module］の窓で、入出力ピンのプルアップや状態変化割り込みの設定、さらに名称の設定などの詳細設定を行います。

❺ Generate する

　すべてのMCCの設定が完了したら、［Generate］ボタンをクリックします。これで必要なコードがすべて自動的に生成されます。生成されたファイルはすべて、自動的にプロジェクトのフォルダ内に保存され、プロジェクトに登録されます。

❻ アプリケーション部を作成する

　生成されたmain.cファイルに自動生成された関数を使ってコードを追加することで、アプリケーション本来の機能を果たすプログラムとして完成させます。割り込み処理関数も追加できますし、必要であれば、新たにサブ関数を追加して作成することも問題ありません。さらに他のライブラリなどの別ファイルを追加登録して作成しても構いません。

　このような手順でプログラムを作成します。以降で実際の例で解説していきます。

2-2 プロジェクトの作成とMCCの起動

▶ 2-2-1 プロジェクトの作成

PICマイコンでプログラム開発を行う場合には、**プロジェクト**という単位で管理されます。このプロジェクト内に生成するファイル群を格納しますので、プロジェクトごとにフォルダを分けると管理しやすくなります。

フォルダを先に作成しておくと進めやすくなります。新規フォルダはWindowsのエクスプローラを使って通常の方法で作成します。この例題のプロジェクトは「D:¥PIC16¥sample1」というフォルダに格納することにします。

アドバイス

筆者はDドライブを使っていますが、これは読者が使っているドライブで構いません。

参考

MPLAB X IDE は、本書では Ver6.00 を使っています。

① 作成するプロジェクト種別の選択

MPLAB X IDEのメインメニューから、〔File〕→〔New Project〕とすると図2.2.1のダイアログが開きます。このダイアログでは〔Microchip Embedded〕で〔Standalone Project〕と指定して〔Next〕とします。これでPICマイコン用の標準プロジェクトの作成を指定したことになります。

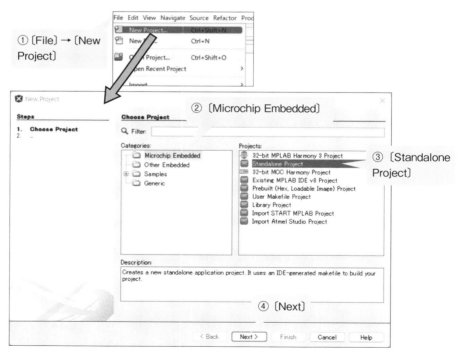

▲図2.2.1 プロジェクト作成開始ダイアログ

・PIC16F18313

② デバイスとプログラマの選択

　これで**図2.2.2**のダイアログが表示されます。ここではプロジェクトに使用するPICマイコンのデバイス名を入力します。本書ではPIC16F18313を使いますので、[Device]の欄で「PIC16F18313」と入力します。

　次に[Tool]の欄では、プログラマをPCに接続していればその名前が表示されますからそれを選択します。接続していない場合は「No Tool」のままとして[Next]とします。

アドバイス

　プログラマは、本書では PICkit4、MPLAB SNAP のいずれかを使いますが、PICkit3 でも問題はありません。

用語解説

・プログラマ
　プログラムをパソコンから PIC マイコンに書き込むための道具。

▲ 図 2.2.2　デバイスとプログラマの選択ダイアログ

③ コンパイラの選択

　次のステップのダイアログは**図2.2.3**で、コンパイラの選択です。本書ではすべて**XC8**コンパイラを使ってC言語で作成しますので、図のようにXC8（最新バージョン）Compilerを選択してから[Next]とします。複数バージョンがインストールされている場合には最新バージョンの方を選択します。

参考

　本書執筆時点でのコンパイラの最新バージョンは V2.40 を使用しました。

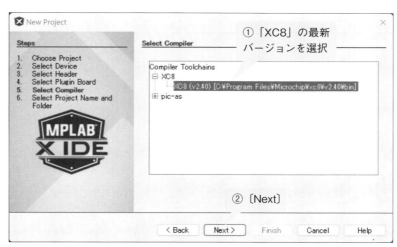

▲ 図 2.2.3　コンパイラの選択

④ プロジェクト名とフォルダの指定

次のダイアログは図2.2.4で、ここでプロジェクトの名前と格納するフォルダを指定します。まずプロジェクト名を入力します。任意の名前にできますが日本語は使えませんので英文字とする必要があります。ここではフォルダ名と同じ「sample1」というプロジェクト名としています。

次にフォルダを指定します。〔Browse〕ボタンをクリックし、先に作成しておいたフォルダ「D:¥PIC16¥sample1」を指定します。

最後に文字のエンコードを指定します。日本語のコメントが使えるように、〔Shift-JIS〕を選択してから〔Finish〕ボタンをクリックして終了です。

注意
フォルダ名とプロジェクト名は、日本語で入力しないでください。日本語を使うと、コンパイル時にファイルが見つかりませんというエラーとなります。

注意
コメント欄には日本語が使えますが、日本語のスペースをプログラム中に入れてしまうと、コンパイルエラーとなります。また発見しにくいので要注意です。

▲ 図 2.2.4　プロジェクト名とフォルダの指定

これでプロジェクトが生成され、図2.2.5のように画面の左端に「Project Window」が表示され、プロジェクトが生成されたことが分かります。ただし、ここで生成されたプロジェクトは空のプロジェクトで名前とフォルダだけのプロジェクトです。

▲ 図 2.2.5　生成されたプロジェクト

2-2-2 | MCC の起動方法

プロジェクトを作成すると、**図2.2.5**のようにMCCの起動アイコンが青いアイコンになって使えるようになりますので、このアイコンをクリックして、しばらく待ちます。MCCの起動には時間がかかります。起動中に再度MCCのアイコンをクリックしてしまうとMPLAB X IDE自身がハングアップしてしまうので注意してください。

■ MCC の選択

MCCが起動すると、最初に**図2.2.6**の画面でMCCの種類の選択になります。PIC16の場合にはClassicのみとなっていますから、〔**Classic**〕ボタンを選択します。

▲ 図 2.2.6　MCC の選択

これで**図2.2.7**の画面に切り替わります。ここではMCC関連ライブラリの追加や更新などをすることができますが、自動的に更新されますのでしばらく待ち〔**Finish**〕ボタンが有効になったらこれをクリックします。

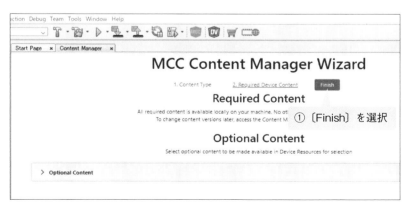

▲ 図 2.2.7　MCC の選択

　ここまで進むと**図2.2.8**のMCCの操作画面に変わり、最初の「System Module」の設定画面となり、ここからMCCの設定作業を開始します。

　左側に［**Device Resources**］の窓があり、この中の［**Peripherals**］から周辺モジュールを選択して追加します。追加すると左上の［**System**］欄に追加され、中央の設定画面が変わって周辺モジュールの設定ができるようになります。

　入出力ピンの設定は下側の窓で［**Pin Manager Grid View**］タグを選択すると、1ピンごとに選択設定ができるようになります。周辺モジュールを追加すると、そのモジュール用の入出力ピンの設定欄が追加されていきます。

　さらに左上の［**System**］欄にある［**Pin Module**］を選択すると、ピンごとに詳細な設定ができる画面となり、名称やプルアップなどの設定ができるようになります。

　すべての設定が完了したら、左上にある〔**Generate**〕ボタンをクリックすればコードが自動生成されます。

用語解説

・プルアップ
　ピンを電源に抵抗経由で接続すること。

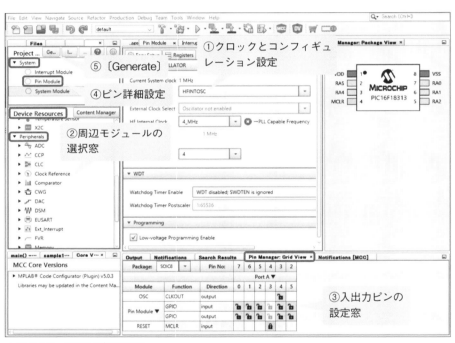

▲ 図 2.2.8　MCC の操作画面

2-3 クロックとコンフィギュレーション設定

MCCの最初の設定は「System Module」の設定画面になり、**図2.3.1**の設定画面でクロックとコンフィギュレーションの設定を行います。

実際の設定はクロックと、コンフィギュレーション設定ではWDTとLVPのみの設定となっています。つまりほとんどの場合、コンフィギュレーション設定ではWDTとLVPだけで、あとはすべてデフォルトの設定のままで使えるということです。しかもWDTはDisableで、LVPにはチェックが入った状態ですから、多くの場合、コンフィギュレーション設定では何もする必要がありません。そのままです。本書での製作例もすべてそのままです。

本書でのクロック設定は**図2.3.1**のように、[Oscillator Select] 欄では内蔵クロックの〔HFINTOSC〕を選択し、[HF Internal Clock] 欄で最高周波数の〔32MHz〕を選択します。さらに [Clock Divider] 欄では、〔1〕を選択して最高周波数のままCPUクロックとして設定します。本書ではすべての例題でこの設定を使います※1。

用語解説
・WDT
ウォッチドッグタイマ。
・LVP
低電圧書き込み。

アドバイス
WDT は Disable（「無効にする」という意味）で OK です。

アドバイス
※1：したがって、製作例ではこの設定の解説は省略しています。

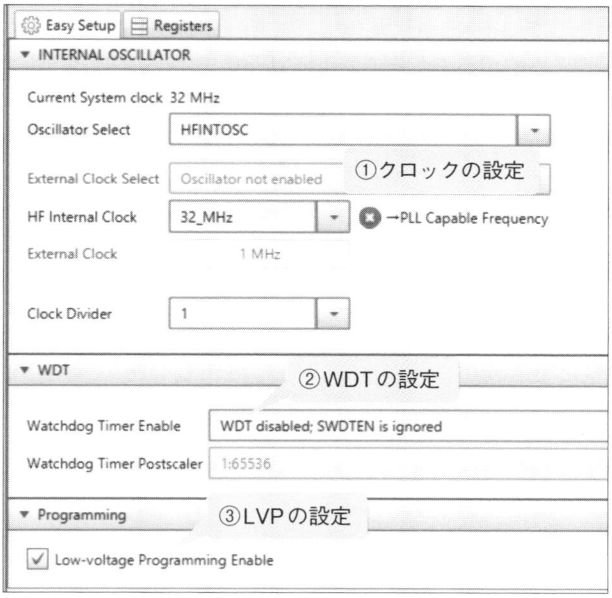

▲図 2.3.1　MCC の System Module の設定画面構成

コンフィギュレーションビットの設定には、この他にたくさんの設定があり、これらは図2.3.2の［Registers］タグの下で設定できます。しかし、ほとんどの場合、既定の設定[1]のままで問題ありません。コンフィギュレーションの詳細は第1章の「1-3-6 コンフィギュレーション」を参照してください。

アドバイス

※1：下記のような特別な使い方をする場合に、設定の変更が必要な場合があります。
・MCLRピンを汎用I/Oピンにする。
・コードプロテクトをかける。
・メモリ保護機能を有効にする。
・BOR の電圧を変更する。
詳細は「1-3-6 コンフィギュレーション」を参照してください。

■ MCLR ピンを汎用入力ピン（RA3）として使いたい場合

例えば、MCLRピンを汎用入力ピン（RA3）として使いたい場合には、詳細設定でMCLRの設定を変更します。その前に図2.3.1の設定でLVPのチェックを外しておく必要があります。つまりLVPにチェックが入った状態では、MCLRピンを汎用入力ピンにはできないということです。

設定は図2.3.2のように、［Registers］タグの下にある［CONFIG2］レジスタの中の［MCLRE］ビットを変更してdigital inputを選択します。これで、MCLRピンをRA3ピンとして汎用入力ピンとして使うことができるようになります。

この場合注意が必要なことがあります。LVPをやめましたから、MPLAB SNAPが使えなくなるということです。したがってMCLRピンを汎用入力ピンにする場合には、プログラマとしてはPICkit 4かPICkit 3を使う必要があります。なお本書の製作例では、MCLRピンを汎用入力ピン（RA3）としての設定はしていません[2]。

注意

MCLR ピンを汎用入力ピンにする場合には、プログラマとしては PICkit 4 か PICkit 3 を使う必要があります。

用語解説

・LVP
定電圧書込み許可指定。

アドバイス

※2：本書での全ての製作例は、MCLRピンを汎用入力ピンとして設定していません。よって全ての製作例でMPLAB SNAP が使用できます。

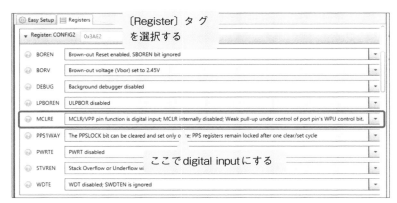

▲図 2.3.2　MCLR ピンの設定変更

2-4 MCC により生成されるプログラムの構成

▶▶ 2-4-1 | MCC で生成されるコード

MCCではグラフィカルな画面で、周辺モジュールの機能を設定するだけで、周辺モジュールを使うために必要な初期化関数や制御関数を自動で生成してくれます。ユーザアプリケーション作成では、これらの制御関数を使うことで効率よく作成できます。

MCCのグラフィック画面で設定した結果、自動生成されるコードは次のようなものになります。

- ・コンフィギュレーションビットの設定
- ・クロック発振方法の初期設定
- ・入出力ピンの入出力モードなどの初期設定
- ・ピン割り付けの設定
- ・周辺モジュールの初期化関数
- ・周辺モジュール制御用関数
- ・割り込み処理関数
- ・メイン関数のひな型
- ・ミドルウェアライブラリの処理関数

つまり、プログラムの初期化と周辺モジュール制御用関数やミドルウェアのライブラリ関数が、すべて自動生成されるということです。

この他に作成が必要なのは、ユーザごとに実際の機能を実現する部分だけで、main関数や独立に作成するサブ関数を使って追加します。

これで、PICマイコンを使う際の、煩わしい内蔵周辺モジュールのレジスタ設定作業から解放されますから、データシートをいちいち読む必要もなくなり、実際に必要なアプリケーション部の作成に専念することができます。

実際に生成されるmain.cのファイルの中身は図2.4.1のようになっています。ここでは、最初の長いコメント部分は削除しています。

アドバイス
クロック発振方法の初期設定は、もともとはコンフィギュレーションビットの設定に含まれます。

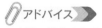
アドバイス
・ピン割り付け
周辺モジュール用の入出力ピンを自由に割り付けできる機能です。

アドバイス
実際の機能を実現する部分を、アプリケーション部と呼びます。

注意
最初の長いコメント部分は削除しています。

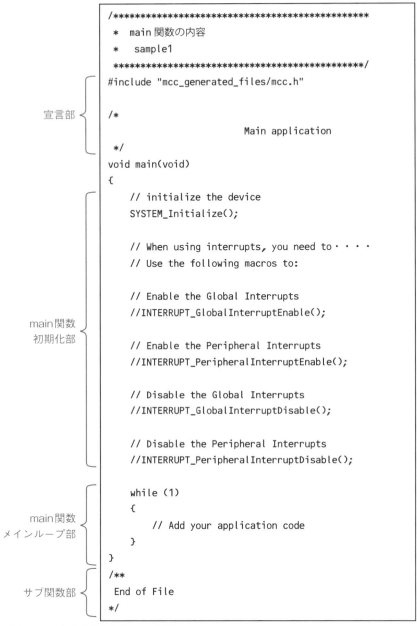

```
/***********************************************
 *   main 関数の内容
 *   sample1
 ***********************************************/
#include "mcc_generated_files/mcc.h"

/*
                        Main application
 */
void main(void)
{
    // initialize the device
    SYSTEM_Initialize();

    // When using interrupts, you need to・・・・
    // Use the following macros to:

    // Enable the Global Interrupts
    //INTERRUPT_GlobalInterruptEnable();

    // Enable the Peripheral Interrupts
    //INTERRUPT_PeripheralInterruptEnable();

    // Disable the Global Interrupts
    //INTERRUPT_GlobalInterruptDisable();

    // Disable the Peripheral Interrupts
    //INTERRUPT_PeripheralInterruptDisable();

    while (1)
    {
        // Add your application code
    }
}
/**
 End of File
 */
```

宣言部

main関数
初期化部

main関数
メインループ部

サブ関数部

▲図 2.4.1　自動生成された main 関数

　この構成はC言語プログラムの基本の構成となっていて、**宣言部**、**main関数部**、**サブ関数部**で構成されています。main関数部では最初の初期化部とメインループ部に分かれていますが、初期化部にはシステム初期化関数と割り込みの禁止許可関数だけが出力されています。このシステム初期化関数からすべてのモジュールの初期化関数を呼び出すようになっているので、周辺モジュールを含めてすべての初期化がこの関数だけで完了します。

　割り込みについては使う場合のみ、行先頭にあるコメントアウトを削除すれ

ば、割り込みの許可、禁止ができるようになっています。

　サブ関数部には何もありませんが、ここはユーザが必要に応じて追加します。

▶ 2-4-2 ┃ システムの初期化

　自動生成されたシステム初期化の流れを実際の例で説明します。例題はタイマ2の一定間隔の割り込みでLEDを点滅させる例ですが、この例題で自動生成されたプロジェクト内のファイルは**図2.4.2**のようになっています。Header Filesにあるのは関数のプロトタイプや変数定義のファイルです。肝心なのはSource Filesでここに主要なコードが生成されています。

✎ 参考 ▶

・Header Files
ここでは pin_manager.h が重要な働きをします。第3章を参照してください。

▲図2.4.2　自動生成されたファイル

　例えば、自動生成されるシステムの初期化の流れは、**図2.4.3**のようになっています。

📎 アドバイス ▶

コンフィギュレーション設定は、C言語プログラムの宣言部に配置されます。

　MCCにより「mcc.c」というファイルが自動生成され、ここにシステム初期化関数が含まれます。メイン関数の最初で「SYSTEM_Initilize()」関数を実行すると、mcc.c内にあるこの初期化関数が、すべての周辺モジュールの初期化関数を呼び出して初期化のすべてを完了させるようになっています。したがって、ユーザは内蔵周辺モジュールに関する初期化では何も記述する必要がありません。

　別途ユーザが追加したライブラリや外部デバイスがある場合だけ、これらの初期化を、「SYSTEM_Initialize()」関数の後に記述追加すればよいことになり

ます。

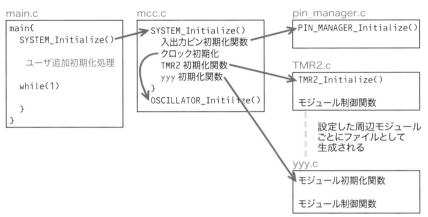

▲ 図 2.4.3 MCC で自動生成される初期化関数の関連図

▶ 2-4-3 ユーザ処理部の実行の流れ

　　ユーザが実際のアプリケーションを記述追加するのは、メイン関数の中や新規に作成するサブ関数になります。このときの処理の流れは、**図2.4.4**の実線の青い矢印のようになります。

　　モジュールごとに自動生成されるファイルには、初期化関数だけでなく周辺モジュールを使うための制御関数も自動生成されています。メイン関数やサブ関数でアプリケーションを追加するときには、これらの制御関数を使います。これらの関数を使うことで、プログラミング作業を大幅に短縮することができます。

　　割り込みを使う場合の処理の流れは**図2.4.4**の点線のようになります。タイマなどの周辺モジュールのハードウェアにより割り込みが発生すると、まず「interrupt_manager」が呼び出され、ここで割り込みの要因を判定して、対応する周辺モジュールの割り込み処理関数を呼び出します。

・Callback 関数
　割り込み処理の中で、ユーザが追加記述する部分のみを切り出して作成した関数のこと。

　　周辺モジュールの割り込み処理関数では、周辺モジュールに必要な処理を実行したあと、あらかじめメイン関数の初期化部で定義されたユーザの**Callback関数**を呼び出します。この Callback 関数にユーザが割り込み時に処理すべき内容だけを記述します。したがって、Callback関数では割り込みに関する特別な処理を記述する必要はなく、通常の関数として割り込み時にすべきことだけを記述すればよいようになっています。

　　Callback関数が終了すると、周辺モジュールの割り込み処理関数に戻り、さらにinterrupt_managerに戻って、ここから割り込みを受け付けた場所に戻って、割り込まれる前の処理を継続します。

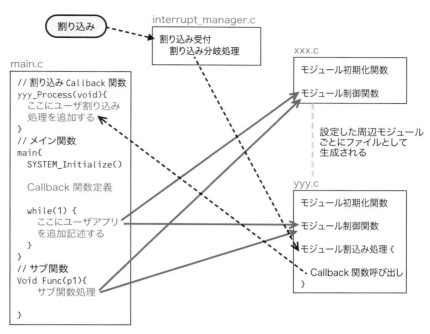

▲ **図 2.4.4　割り込み処理とユーザアプリの流れ**

　このような流れのプログラムが自動的に生成されますから、ユーザは**図2.4.4**のmain.cのように青字で示したmain関数の中だけを記述すればよいことになります。しかも周辺モジュールを使うときには、周辺モジュールを使うための関数が用意されていますから、それを呼び出すだけで記述が完了します。自動生成された関数の中身を修正変更する必要はなく、用意された関数を使うだけになります。

　その代わり、どのような関数が生成され、どのように使うかは調べる必要があります。これには特に使い方マニュアルがあるわけではなく、生成されたファイルのコメント部に使い方も生成されていますので、これを読み解く必要があります。

　本書では、これらの関数の使い方も、各周辺モジュールの使い方の中で解説していますので、活用してください。

2-5 コンパイルと書き込み実行

▶ 2-5-1 コンパイル

用語解説

・コンパイル
　C言語記述をマイコン命令（機械語）に変換すること。

　プログラムの入力作業が完了したら**コンパイル**作業ができます。コンパイルはMPLAB X IDEのメインメニューのアイコンで実行させることができます。コンパイルに関連するアイコンは**図2.5.1**のようになっています。

　コンパイルだけ実行する「**コンパイルのみ**」アイコンと、前回コンパイルで生成したファイルを全消去後再コンパイルする「**全クリア後コンパイル**」アイコンがあります。さらに、コンパイルした後、書き込みまで行う「**ダウンロード**」アイコンもあります。それ以外にアップロードでデバイスから読み込むための「**アップロード**」アイコンと、書き込み完了してもすぐ実行しないようにする「**リセット保持**」アイコンも用意されています。通常は「**全クリア後コンパイル**」でコンパイル結果を確認してから、「**ダウンロード**」で書き込みを行います。ただしダウンロードを実行するにはプログラマツールが接続済みであることが必要です。

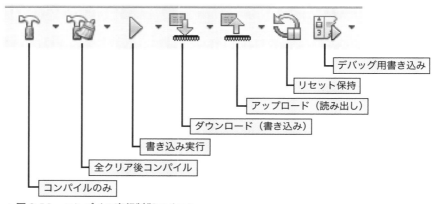

・アドバイス

　未接続の場合は、選択ダイアログが表示されます。

デバッグ用書き込み
リセット保持
アップロード（読み出し）
ダウンロード（書き込み）
書き込み実行
全クリア後コンパイル
コンパイルのみ

▲ 図 2.5.1　コンパイル実行制御アイコン

用語解説

・オブジェクトファイル
　書き込みに使うファイルで拡張子が hex。

　コンパイルすると、コンパイル状況と結果がMPLAB X IDEの［Output］窓に表示されます。図2.5.2のように「BUILD SUCCESSFUL」というメッセージが表示されれば正常にコンパイルができたことになり、オブジェクトファイルが生成されています。この場合には、メモリの使用量がメッセージで表示されます。［Output］窓がない場合は、メインメニューから、［Window］→［Output］とすれば追加されます。

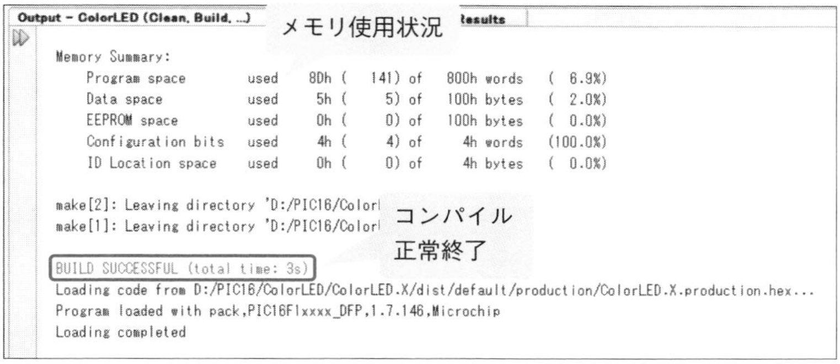

```
Output – ColorLED (Clean, Build, …)        Results
        Memory Summary:               メモリ使用状況
            Program space        used    8Dh (   141) of   800h words  (  6.9%)
            Data space           used     5h (     5) of   100h bytes  (  2.0%)
            EEPROM space         used     0h (     0) of   100h bytes  (  0.0%)
            Configuration bits   used     4h (     4) of     4h words  (100.0%)
            ID Location space    used     0h (     0) of     4h bytes  (  0.0%)

        make[2]: Leaving directory 'D:/PIC16/ColorL    コンパイル
        make[1]: Leaving directory 'D:/PIC16/ColorL    正常終了

        BUILD SUCCESSFUL (total time: 3s)
        Loading code from D:/PIC16/ColorLED/ColorLED.X/dist/default/production/ColorLED.X.production.hex...
        Program loaded with pack,PIC16F1xxxx_DFP,1.7.146,Microchip
        Loading completed
```

▲図 2.5.2　コンパイル正常完了の場合のメッセージ

📎アドバイス▶

　error 行は、実際の
画面では青字で表示
されます。

📖用語解説▶

・オブジェクトファイ
ル
　書き込みに使う機
械語に変換されたファ
イル。

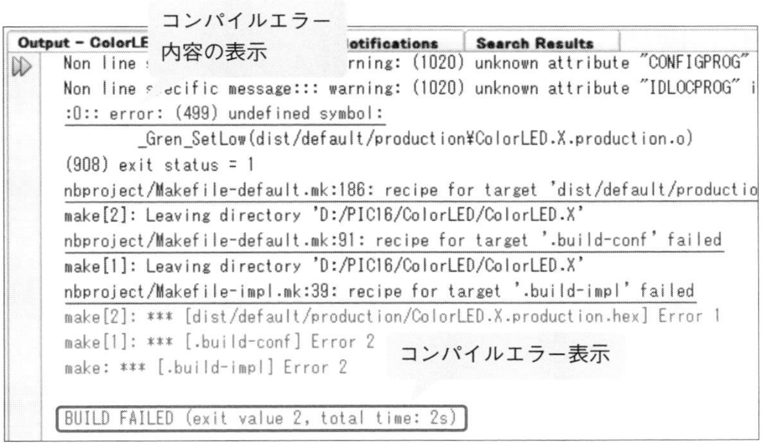

　コンパイルエラーがある場合には、図2.5.3のように、赤字で「BUILD
FAILED」と表示され、そのエラー原因が上のほうに青字のerror行で表示され
ます（図2.5.3のアンダーバーの箇所）。この青字のerrorの行をクリックすれば、
エラー発見行に自動的にカーソルがジャンプします。また、ソースファイルには、
エラーが検出された行番号に赤丸印が付きますので、こちらでもエラー個所が
わかるようになっています。コンパイルが正常に完了しない限りオブジェクト
ファイルは生成されませんので、とにかくコンパイルが正常に完了するまで訂
正しながら完了させる必要があります。

```
Output – ColorLE        コンパイルエラー      otifications    Search Results
        Non line s  内容の表示  rning: (1020) unknown attribute "CONFIGPROG"
        Non line s ecific message::: warning: (1020) unknown attribute "IDLOCPROG" i
        :0:: error: (499) undefined symbol:
                _Gren_SetLow(dist/default/production¥ColorLED.X.production.o)
        (908) exit status = 1
        nbproject/Makefile-default.mk:186: recipe for target 'dist/default/productio
        make[2]: Leaving directory 'D:/PIC16/ColorLED/ColorLED.X'
        nbproject/Makefile-default.mk:91: recipe for target '.build-conf' failed
        make[1]: Leaving directory 'D:/PIC16/ColorLED/ColorLED.X'
        nbproject/Makefile-impl.mk:39: recipe for target '.build-impl' failed
        make[2]: *** [dist/default/production/ColorLED.X.production.hex] Error 1
        make[1]: *** [.build-conf] Error 2      コンパイルエラー表示
        make: *** [.build-impl] Error 2

        BUILD FAILED (exit value 2, total time: 2s)
```

▲図 2.5.3　コンパイルエラーの場合結果

　コンパイルが正常に完了すると「Dashboard」でプロジェクトの属性を一覧
で確認できるようになります。メインメニューから、[Window] → [Dashboard]
とするとMPLAB X IDEの左下に図2.5.4のような窓が開き、この窓で、使用
デバイス、使用ツール、使用コンパイラ、メモリ使用量など、プロジェクトの
属性が一覧で表示されます。コンパイルが正常に完了すればメモリ使用量も
バーチャートで表示されます。

▲図2.5.4 ダッシュボードによるプロジェクト属性一覧

▶ 2-5-2 | 書き込み実行

プログラムの記述を完了し正常にコンパイルできたら、いよいよプログラム
をPICマイコンに書き込み、実機での動作確認となります。このプログラムの
書き込みにだけプログラマというハードウェアツールが必要となります。

現在購入可能なプログラマは第1章の「1-4 プログラム開発環境」で説明し
たPICkit 4かMPLAB SNAPです。

このPICkit 4またはMPLAB SNAPによる書き込みの方法と実機での実行の
させかたについて説明します。PICkit 4の前の製品でPICkit 3がありますが、
同じ手順で使うことができますので、こちらでも大丈夫です。

・ICSP
In Circuit Serial
Programming
PICを基板等に実
装したままの状態で、
内蔵メモリにプログラ
ムを書き込む方法のこ
とをいう。

ブレッドボードにICSP用のヘッダピンとして実装したのは6ピンのものです。
PICkit 4もMPLAB SNAPも8ピンのコネクタとなっています。実は8ピンな
のですが、第1章の「1-3 ハードウェア設計ガイド」で説明したように8ピンの
内5ピンしか使いません。そこで書き込みの際には、図2.5.5のようにプログラ
マの三角印の1ピンを、ブレッドボードのヘッダピンの1ピン側に合わせて挿
入します。これで問題なく書き込みができるようになります。PICkit 3の場合
も同じように1ピンを合わせて挿入すれば問題ありません。

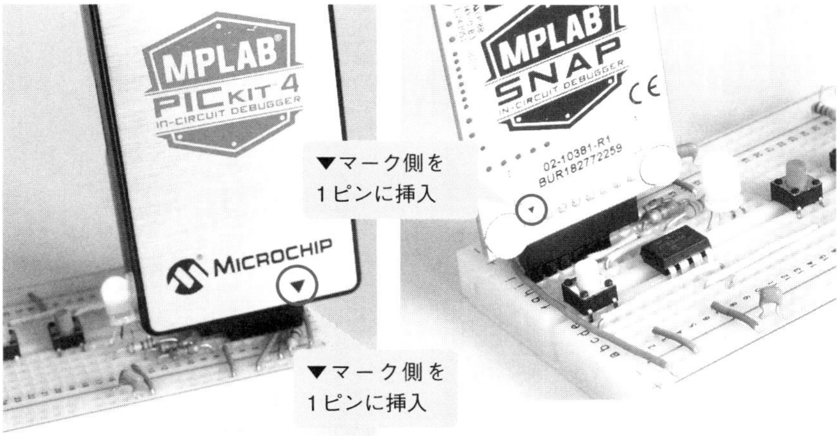

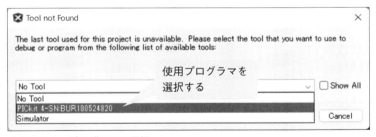

▼マーク側を
1ピンに挿入

▼マーク側を
1ピンに挿入

▲図2.5.5　プログラマのセット方法

　書き込みの手順は次のようにします。その前にブレッドボードに電源か電池を接続して電源を供給しておきます。

■ツールを選択する

　書き込みツールが未接続の場合は、ここでパソコンに接続します。本書ではPICkit 4を使います。PICkit 4をパソコンのUSBに接続後、MPLAB X IDEのダウンロードアイコンをクリックすれば書き込みが開始されます。
　プロジェクト作成の際に［Tool］欄で「No Tool」と指定していた場合には、図2.5.6のダイアログで選択するように要求されますから、ここでPICkit 4を選択します。

▲図2.5.6　プログラマの選択

　これで先に進むと、図2.5.7の確認ダイアログが表示されます。これはV_{DD}が3.6V系と5V系があるので電源の確認を促すものです、確認しOKとします。

▲図2.5.7 電源電圧の確認ダイアログ

これで書き込みが開始されます。書き込みの状況と結果が［Output］窓に表示されます。正常に書き込みが完了した場合には、図2.5.8のように「Verify Complete」と表示され、すぐ実行が開始されます。

▲図2.5.8 正常に書き込みが完了した場合

ブレッドボードとPICkit 4が接続されていない場合や、ブレッドボードの電源が接続されていない場合には、図2.5.9のように警告メッセージが表示されますので、正常に戻してから再度書き込みを実行します。

```
********************************************************

Connecting to MPLAB PICkit 4...

Currently loaded versions:
Application version............00.06.87
Boot version...................01.00.00
Script version.................00.04.48
Script build number............7acb7c9d66
Tool pack version .............1.8.1120

The configuration is set for the target board to supply its own power but no voltage has been detected on VDD.
Connection Failed.
```
▲ 図 2.5.9　接続異常の場合

　ここで、「PICkit 4などのプログラマを最初に使う場合」、「前回使用時と異なるPICファミリに書き込む場合」、さらに「MPLAB X IDEをバージョンアップした場合」などには、プログラマ本体のファームウェアを自動的にダウンロードして書き換えます。このダウンロードに少し時間がかかります。この間〔Output〕窓にメッセージが表示され、同時に書き換え中は最下部のステータスに緑色のバーチャートが点滅しています。この点滅が終了し、メッセージで終了が通知されるまで待つ必要があります。この書き換え中に他の操作をするとファームウェアが正常に更新されず、書き込みが失敗し、さらに「Connection Error」となってしまいますので注意してください。

　以上が、最も基本的なプロジェクト作成から書き込み実行までの流れとなります。

注意

　書き換えを行っている間は、他の操作をしないでください。

実機デバッグの仕方

▶ 2-6-1 実機デバッグの開始方法

用語解説

・実機デバッグ
　実際にハードウェア
を動作させながらプロ
グラムのデバッグを行
うこと。
・デバッグ
　プログラムが期待通
りに動くかを確認する
作業のこと。
・グレーアウト
　選択できない状態
のこと。

・Debug Main Project
　アイコン

・Pause アイコン

　実機デバッグは、プログラマを通常の書き込みと同じ接続状態としたままで
できます。
　実機デバッグを開始するには、図2.6.1のようにメインメニューの〔Debug
Main Project〕アイコンをクリックします。これで、プログラムをデバッグ用
に再コンパイルして書き込みを行い、図2.6.1のようにデバッグ用のアイコンを
新規追加します。
　開始直後はRunningつまり実際に実行中の状態となっていて、アイコンがグ
レーアウトしています。ここで〔Pause〕アイコンをクリックしていったん実
行停止させると、図2.6.1の下側のようにアイコンが使える状態となります。

① 〔Debug Main Project〕
　アイコンをクリックする

②デバッグモードで書き
込みが行われ、Running
状態となる

③ 〔Pause〕アイコンを
クリック

④他のアイコンが
使える状態になる

Finish Debugger Session
デバッグモードを終了し実行
制御アイコンを消去する

Pause
実行を一時中断する

Reset
リセットし初期化する

Continue
現在位置から実行を再開する

Step Over
サブ関数内に入らないで1行
ずつ実行する

Step Into
サブ関数内も含めて1行ずつ
実行する

Step Out
Step Intoで入ったサブ関数
の残りを高速実行して関数を
出る

▲図2.6.1　実機デバッグの開始

それぞれのアイコンは次のような機能を持っていて、これらを使ってデバッグを進めます。

① Reset アイコン

クリックすれば初期化され、最初の実行文で実行待ちとなります。ブレークポイントが残っていると警告ダイアログが出ますので、ブレークポイントを解除します。

② Continue アイコン

クリックすると実行待ちの行から実行を開始し永久に実行を繰り返します。停止させるには〔Pause〕アイコンをクリックします。

③ Step Over アイコン

1行ずつ実行させる機能ですが、実行する行でサブ関数を呼んでいる場合でも、サブ関数にはステップでは入らず、サブ関数を高速で実行してすぐ次の行に進みます。これで、サブ関数で多くの繰り返しループがあってもステップ実行は必要ありませんから、効率よくステップによるデバッグができます。

④ Step Into アイコン

クリックすると実行待ちの行を1行だけ実行します。この場合サブ関数内部も含めて1行ずつ実行します。したがって何らかの関数を呼ぶとそこにジャンプして順番に実行します。

⑤ Step Out アイコン

Step Into でサブ関数の中に入ってしまった場合に、サブ関数の中はステップ実行する必要がない場合、この Step Out をクリックすればサブ関数の残りの部分を高速に実行してサブ関数を呼び出した文の次の実行文に進みます。

⑥ Finish Debugger Session

デバッグモードを終了して何もしていない状態に戻ります。実機はデバッグを終了して通常の実行状態になります。

▶ 2-6-2 ブレークポイントの使い方

用語解説

・ブレークポイント
デバッグをする場合、希望する位置でいったん停止させることが必要で、そのための機能。

アドバイス

この背景の行が次に実行される実行文です。

アドバイス

実行文でなければなりません。コメント行はだめです。

注意

行番号をクリックするだけでブレークポイントが設定できますが、PIC16F18313では1か所のみにしか設定できません。

デバッグをする場合には、希望する位置でいったん停止させることが必要です。このための機能がブレークポイントです。ブレークポイントを設定するためには、〔Pause〕アイコンでいったん停止させ、さらに〔Reset〕アイコンをクリックするとプログラムは、mainの中の最初の実行文に移動して停止します。これで緑の背景が1行目に移動します。

このあと図2.6.2のように、停止させたい位置の実行文の行番号をクリックすると行の背景が赤くなりブレークポイントを設定したことになります。図では次の行に進めていますが、緑色の背景の行が次に実行する行となります。設定したブレークポイントはもう一度同じ行番号をクリックすれば設定が解除されます。

▲図2.6.2　ブレークポイントの使い方

アドバイス

ブレークポイントの行を実行する流れの場合、実行をいったん停止します。

ブレークポイントを設定したあと、〔Continue〕アイコンをクリックすれば実行を再開し、赤色の背景色の行で実行をいったん停止します。続いてブレークポイントを削除してから、〔Step Into〕か〔Step Over〕で1行ずつ進めて実行の流れを確認すれば、if文などの条件文の判定や流れの確認ができることになります。このときブレークポイントを設定したまま〔Step Over〕を使うと「Debug Error」のダイアログで「ブレークポイント設定中はStep Overは使えない」と警告されますので、先にブレークポイントをはずしてから〔Step Over〕を使うようにします。

▶▶ 2-6-3 │ Watch 窓の使い方

デバッグでは変数やレジスタの現在値を知る必要があります。これを実現する機能が［Watch］です。メインメニューから図2.6.2のように［Window］→［Debugging］として表示されるドロップダウンリストに、デバッグ用オプション機能がたくさん用意されています。この中のよく使う［Watch］窓について説明します。

▲ 図 2.6.3　デバッグ用オプションメニュー

図2.6.3のDebuggingメニューで［Watches］を選択すると、MPLAB X IDEの下部に図2.6.4のような窓が追加表示されます。このダイアログの＜Enter new watch＞と書かれた行に、変数名やレジスタ名をプログラムからドラッグドロップするか、行をダブルクリックすると開く変数一覧ダイアログから選択するか、キーボードで変数名などの名称を入力すると、その変数あるいはレジスタの現在値を表示します。

　値表示はブレークポイントや〔Pause〕アイコンで停止したとき行われ、前回停止時と同じ値であれば黒字で、前回と異なった値の場合は赤字で表示されます。表示形式欄は図のように項目欄を右クリックすると表示されるドロップダウンメニューで追加削除ができます。

　この［Watch］窓とブレークポイントを一緒に使えば、ブレークポイントで停止したときの変数の値を確認しながらプログラムを実行させられますから、プログラムの動きをつぶさに確認することができます。

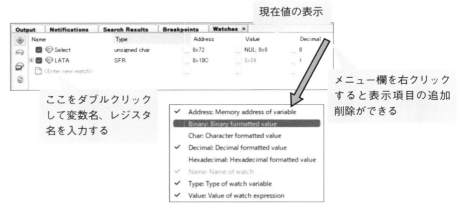

現在値の表示

ここをダブルクリックして変数名、レジスタ名を入力する

メニュー欄を右クリックすると表示項目の追加削除ができる

▲図 2.6.4　Watch 窓の使い方

　実機デバッグは、ほとんどこのブレークポイントとWatch機能で進めることができます。他にも多くのオプション機能がありますが、まずはこの2つだけで問題なく進めることができると思います。

プログラム書き込み用のJP1ヘッダピンの周りがちょっと込み合いますので間違いないように配線してください。この辺りの配線方法は、本書のすべての製作例で同じ配置としています。このヘッダピンには両方の端子が長いタイプのものを使います。これでブレッドボードにも確実に挿入できます。

ジャンパ線は電源には赤系統、グランドには緑系統と一応色分けしておくと間違いが少なくなります。また標準の長さで合わない場合には、製品に含まれている黄色、緑、赤（橙）の長いジャンパ線は、まず使うことがありませんので、これらを必要な長さに切断して使います。

抵抗やコンデンサのリード線は穴の間隔に合う位置で折り曲げ、曲げた先は8mmから10mmくらいで切断してブレッドボードの穴に挿入します。

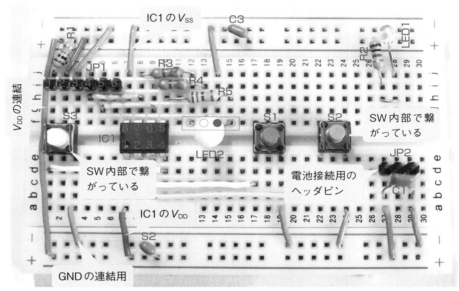

▲図3.2.3　LEDボードの組立図

V_{DD}とV_{SS}（GND）はブレッドボードの上側と下側の赤ライン同士、青ライン同士を連結する必要があります。V_{DD}は左端の長いジャンパ線で接続していますが、GNDはその右側のS3のスイッチ（タクトスイッチ）とJP1を経由して接続しています。S1、S2、S3のスイッチは図3.2.4のように、縦の2つの端子はスイッチ内部で接続されていますのでこれで連結ができます。このスイッチは押したときに左右の端子が短絡するようになっています。このスイッチの実装は、曲がっている足をペンチなどで真っすぐにしてブレッドボードの中央の溝をまたいで挿入することになるので、向きを間違えないようにする必要があります。

また、電源ランプ代わりに取り付けるLED（LED1）には、図3.2.5のように極性があります。足が長い方が＋側になります。なお、ペンチで足を曲げて、広げて差し込んでください（根元から2〜3mmのところで直角に曲げます）。

アドバイス　図3.2.2の回路図で、接続が間違っていないかを確認するとよいでしょう。

・ヘッダピン

アドバイス

・LED2　データシートで確認してください。

アドバイス　ブレッドボードの中央には深い溝があります。この溝で接続が切られています。

アドバイス　青ライン、赤ラインの横一列の穴はすべて内部で接続されているので、電源とGNDに使います。

アドバイス

・タクトスイッチ　下図のように内部でつながっています。

上図のような内部構成になっているので、ブレッドボードに挿入する際、向きを間違えないようにしてください。

79

アドバイス

スイッチを
押すと導通する

曲がっている足を
伸ばしてブレッド
ボードに挿入する

この端子は内部で
繋がっている

▲ 図3.2.4 タクトスイッチの構成

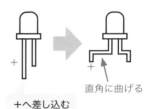

直角に曲げる

＋へ差し込む

▲ 図3.2.5 LED1

電源用の単3電池ボックスには、**図3.2.6**のようにリード線付きのものを使い、その先にヘッダピンに挿入できるコネクタを取り付けます。他の製作例にも使いまわせるようにコネクタ接続としました。3ピンのコネクタとして両端の2ピンを使って接続しています（組立図のJP2）。コネクタとせずにリード線の先をはんだで固めて直接ブレッドボードに挿入しても大丈夫ですし、ジャンパピンをはんだ付けして挿入できるようにしても大丈夫です。

この電池をブレッドボードのJP2のヘッダピンに挿入しますが、挿入向きを間違えないように注意して下さい。間違えるとPICマイコンが発熱して壊れます。

アドバイス

コネクタの組み立てには圧着工具(PA-21)を使いますが、リード線部をはんだ付けしてからペンチなどで押しつぶして成型してもできます。

注意

JP2のヘッダピンに挿入する際、向きを間違えないように注意してください。
図3.2.3のJP2では

となります。

アドバイス

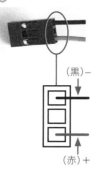

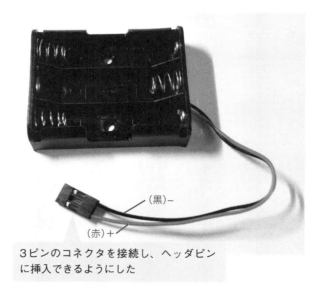

（黒）−
（赤）＋

3ピンのコネクタを接続し、ヘッダピンに挿入できるようにした

▲ 図3.2.6 電池ボックス

これでハードウェアは完成です。次はプログラムの製作です。

3-3 LED ボードのプログラム製作

▶ 3-3-1 │ MCC の設定

ハードウェアが完成したら次はプログラムの製作です。

このLEDボードで、次のような機能を実現させるプログラムを作成することとします。

・S1を押すごとに赤→青→緑の順に切り替えて点灯させる。

・点灯中は0.1秒間隔で点滅させる。

このプログラムをMCCで製作していきます。

参照

→ 第2章参照
MPLAB Code
Configurator

まずMPLAB X IDEを起動してプロジェクトを作成します。プロジェクト名は「ColorLED」、フォルダを「D:¥PIC16¥ColorLED」とします。プロジェクトの作成からSystem Moduleの設定までは第2章を参照してください。

アドバイス

ここではDドライブとしましたが、ドライブは読者がお使いのものに変更してください。

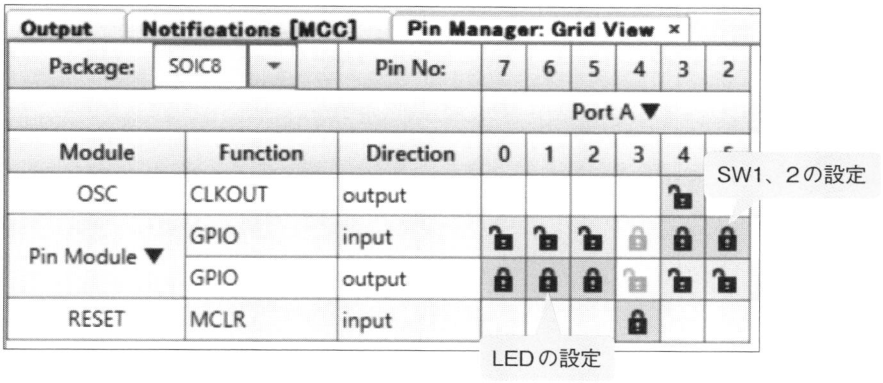

MCCを起動しSystem Moduleの設定が完了したら、入出力ピンの設定をします。画面下の［Pin Manager Grid View］で、図3.3.1のように［Pin Module］の欄で設定します。RA5がSW1、RA4がSW2ですからInput欄をクリックし、RA0、RA1、RA2がLEDですからOutput欄をクリックします。

Output	Notifications [MCC]		Pin Manager: Grid View ×						
Package:	SOIC8 ▼		Pin No:	7	6	5	4	3	2
				Port A ▼					
Module	Function	Direction	0	1	2	3	4		
OSC	CLKOUT	output					🔓		
Pin Module ▼	GPIO	input	🔓	🔓	🔓	🔒	🔒	🔒	
	GPIO	output	🔒	🔒	🔒	🔓	🔓	🔓	
RESET	MCLR	input				🔒			

SW1、2の設定

LEDの設定

▲図3.3.1　入出力ピンの設定

次に左上の［Project Resources］欄にある［Pin Module］を選択してから図3.3.2のように［Custom Name］欄にピンごとの名称を入力します。この名称を入力すると、プログラム中でこの名称を使った関数で記述できるようになります。入力する名称は任意ですが、回路図の部品記号と合わせると間違いが少なくなります。

用語解説

・WPU
Weak Pull Up の略。

さらにスイッチは内蔵のプルアップ抵抗が必要ですので、[WPU] 欄にチェックを入れます。

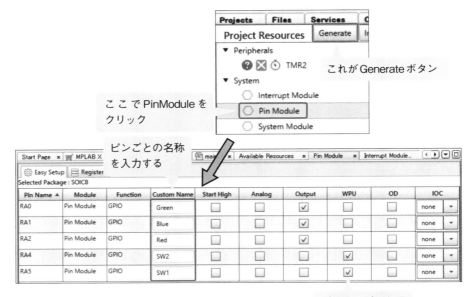

ここで PinModule をクリック

これが Generate ボタン

ピンごとの名称を入力する

プルアップが必要

▲図 3.3.2　Pin Module の設定

アドバイス

入出力ピン以外の周辺モジュールを使っていないため、これだけの設定で完了です。

このプロジェクトはこれだけの設定で完了ですので、左上にある〔Generate〕ボタンをクリックしてコードを生成します。

▶ 3-3-2 | 入出力の記述方法

Generate されたコードの中で入出力ピンに関連する重要なファイルは、**図 3.3.3** の「Header Files」の中にある「**pin_manager.h**」です。このファイルをダブルクリックして開くと、図のようにマクロ関数が定義されています。この関数名の先頭には Pin Module で入力した名称が使われています。

▲図 3.3.3 「pin_manager.h」の内容

これで例えば赤の LED を制御する場合には、次のように記述すればよいことになります。

赤 LED 点灯	`Red_SetHigh();`
赤 LED 消灯	`Red_SetLow();`
赤 LED 反転	`Red_Toggle();`

またスイッチの入力の場合には、次のように記述すればできることになります。

```
if(SW1_GetValue() == 0)
```

このように入出力ピンの制御は、実に簡単で分かりやすい記述とすることができます。

3-3-3 LEDボードのプログラムの作成

　自動生成された関数を使って、LEDボードのプログラム本体をmain.cの中に記述します。

　LEDボードのプログラムは図3.3.4のようなフローで作成します。Loop以下のメインループでは最初に全LEDをいったん消灯し0.1秒待ちます。次にSelectという変数の値により赤、青、緑のいずれかを点灯します。次にSW1が押されていたらSelect変数を＋1します。Selectが3になったら0に戻しておきます。最後に0.1秒待ちます。これでLEDボードのプログラムの機能をすべて実現できます。

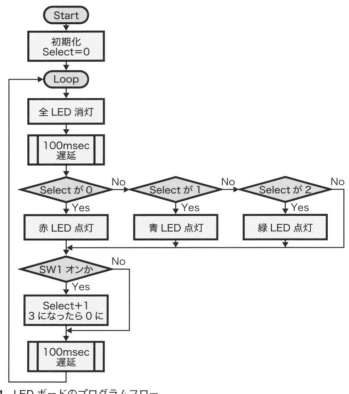

▲図3.3.4　LEDボードのプログラムフロー

参考

プログラムは、技術評論社・書籍案内「改訂新版 8ピンPICマイコンの使い方がよくわかる本」の『本書のサポートページ』よりダウンロードできます。（p.2の「プログラムリストのダウンロード」参照）

　これを実際に記述したmain関数がリスト3.3.1となります。

　MCCが生成したmain.cファイルを修正追加して作成しています。main.cの最初には長文のコメントがありますので、ここは削除してしまって、本来のコメントに書き換えています。さらに余計なコメントはすべて削除しています。

リスト 3.3.1 LED ボードの main 関数詳細

```c
/**********************************************
 *   例題　フルカラー LED の点滅
 *     ColorLED    PIC16F18313
 *     delay 関数を使用
 **********************************************/
#include "mcc_generated_files/mcc.h"
// 変数定義
uint8_t Select;
/******** メイン関数 **************/
void main(void)
{
    SYSTEM_Initialize();                // システム初期化
    Select = 0;                         // 変数初期化
    /****** メインループ ****************/
    while (1)
    {
        // 全消灯
        Red_SetLow();
        Blue_SetLow();
        Green_SetLow();
        __delay_ms(100);
        // 一つ点灯
        switch(Select){
            case 0:
                Red_SetHigh();          // 赤点灯
                break;
            case 1:
                Blue_SetHigh();         // 青点灯
                break;
            case 2:
                Green_SetHigh();        // 緑点灯
                break;
            default :
                break;
        }
        // SW1 チェック
        if(SW1_GetValue() == 0){        // SW1 がオンの場合
            while(SW1_GetValue() == 0); // オンの間待つ
            Select++;                   // Select+1
            if(Select >= 3)             // 3 以上になったら
                Select = 0;             // 0 に戻す
        }
        __delay_ms(100);
    }
}
```

注意

us と ms の先頭の
アンダーバーは、2個。

リストの中で0.1秒の遅延にdelay関数を使っています。この関数はXC8コンパイラの組み込み関数で、**表3.3.1**のように使うことができます。先頭のアンダーバーは2個連続ですので注意して下さい。

▼表 3.3.1　delay 関数の使い方

関数名	機能、書式	備考
_delay(n);	命令サイクル単位の遅延関数 n は unsigned long 型の変数	n は 12 以上とする必要がある
__delay_us(x);	マイクロ秒単位の遅延関数 (x は unsigned int 型の変数) 　__delay_us(100);	FCY の周波数定義が必要 　#define　　FCY　32000000 MCC が自動的に追加しているので作業は不要
__delay_ms(x);	ミリ秒単位の遅延関数 (x は unsigned int 型の変数) 　__delay_ms(20);	

▶ 3-3-4 ┃ プログラム動作確認

　以上でプログラムも完成しましたから、PICマイコンに書き込みます。書き込み手順は第2章の「2-5 コンパイルと書き込み実行」を参照してください。

　書き込みが完了すればすぐ動作を開始します。リセットスイッチを押すとまず赤LEDが点滅するはずです。その後SW1スイッチを押すごとに、青→緑→赤とサイクリックに切り替わって点滅するはずです。

　LEDが点滅しない場合のチェックは次の手順で行います。

❶ PICマイコンを抜き、プログラマも抜いてから電源を接続しなおす。
❷ RA2ピンに相当するブレッドボードの穴と、電源 V_{DD} とをジャンパ線で仮接続する。これで赤LEDが点灯すればLEDは正常。
❸ 同様にRA1ピン、RA0ピンと電源 V_{DD} とを接続して確認する。

　以上が確認できればLEDの回路は正常ですから、あとはプログラムです。

　リストを慎重に見ながらチェックし間違いを探します。どうしてもわからないときは、第2章の「2-6 実機デバッグの仕方」を参照して実機デバッグをします。しかし、RA0とRA1ピンはデバッグ用に使ってしまいますので、それ以外のピンだけがデバッグできる対象になります。

アドバイス

ここでは Green と
Blue の LED のチェックができないことになります。

第**4**章

I²C 通信と I²C モジュールの 使い方

　本章では I²C 通信に関する基本と内蔵モジュールの使い方
を説明します。さらに実際の使用例として液晶表示器を制御
します。
　またシリアル通信の特殊な例として、温湿度センサの単線
シリアル通信の使い方も説明しています。

4-1 I²C 通信と I²C モジュールの使い方

▶ 4-1-1 I²C 通信とは

参考

※1：フィリップス社の半導体事業が分社化。現在の新社名はNXP社。

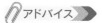

アドバイス

※2：通常は数10cm以下の距離で使います。

用語解説

・パーティーライン構成
1系統の配線に、複数のデバイスが接続されて通信を行うことができる構成のこと。

I²C（Inter-Integrated Circuit）は、フィリップス社※1が提唱した周辺デバイスとのシリアル通信の方式で、各種センサなどとの通信を実現する方式です。センサ以外にも表示制御デバイスや、A/D変換デバイスなどでI²Cインターフェースを内蔵した製品が各社から発売されています。

当初の目的から推定されるように、I²Cは同じ基板内に設置されているような近距離で直結したデバイスとシリアル通信を行うために使われるのが基本で、距離の離れたデバイス間※2の通信には向いていません。通信速度も標準速度が決められていて、100kbps、400kbps、1Mbpsとなっています。

I²Cはパーティーライン構成が可能となっており、1つのマスタで複数のスレーブデバイスと通信することが可能です。マスタ側とスレーブ側を明確に分け、マスタ側が全ての制御の主導権を持ち、アドレス指定でスレーブを特定してから通信を行います。

▶ 4-1-2 I²C 通信のしくみ

まずI²C通信のしくみは**図4.1.1**の構成を基本としています。図のように1台の**マスタ**と1台または複数の**スレーブ**との間を、**SCL**と**SDA**という2本の線でパーティーライン状に接続します。マスタが常に権限を持っており、マスタが送信するクロック信号SCLを基準にして、データ信号がSDAライン上で転送されます。

個々のスレーブがアドレスを持っていて、マスタからスレーブのアドレスを指定することで、特定のスレーブと送受信を行います。さらに1バイト転送ごとに受信側からACK信号の返送をして、互いに確認を取りながらデータ転送を行います。

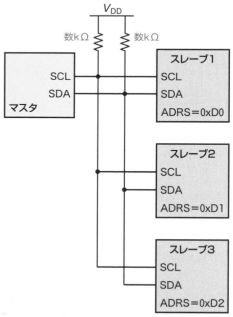

▲ 図 4.1.1　I²C 通信の接続構成

I²C通信の基本の通信手順は**図4.1.2**のようになっています。

このI²C通信の基本の制御は、クロック（SCL）とデータ（SDA）の2本のラインの信号で行われますが、次の基本的な条件で制御されます。

❶ マスタが、SCLがHighのときにSDAをLowにすると、通信スタート（スタート条件）。

❷ 送信側は、SCLがLowになるごとに順次1ビットずつデータをSDAラインに出力する。

❸ 受信側は、9ビット目のデータとしてACKを返送する。

❹ マスタが、SCLがHighのときにSDAをHighにすると、通信ストップ（ストップ条件）。

図4.1.2の手順を説明します。マスタ側がすべての制御を行い、SCL、SDAはアイドル状態では両方ともHighとしています。

まず、マスタが、SCLがHighの間にSDAをLowにするとスタート条件となり通信の開始となります。さらに、SCLがLowの間に送信側から最初の1ビット目のデータを出力します。マスタがSCLをHighに戻すとき、このSCLの立ち上がりで受信側がデータを取り込みます。マスタは一定時間後にSCLをLowにし、これで送信側が次のビットを出力します。以降は同じことを繰り返し、8ビットの出力が完了した後、次にSCLがLowになったときに受信側が受信完了を通知するアクノリッジ（ACK）信号を返送します。

最後のデータを送信完了しACKを確認したら、マスタはSCLをいったんLowにしてからSDAをLowにし、さらにSCLをHighとした後、SDAをHighにするとストップ条件を発行したことになり通信終了となります。これが基本の転送手順です。

・アクノリッジ（ACK）
信号
　受信側が正常に受信できたことを示す応答記号。

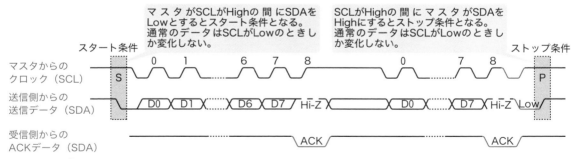

▲ 図 4.1.2　I²C 通信の基本転送手順

ここで、I²C通信のデータフォーマットをみてみましょう。通信データ全体のフォーマットは**図4.1.3**のようになっています。マスタ側が送信側か受信側かにより2通りのフォーマットとなります。

参照
・スレーブ
→ 図 4.1.1

いずれの場合も、通信データの最初は、マスタからのスレーブアドレス送信となります。アドレスには7ビットモードと10ビットモードがありますが、多くの場合**図4.1.3**に示す7ビットアドレスが使われていますので10ビットアドレスの説明は省略します。

図4.1.3の下側の図に示したように、アドレス部の最下位ビットが送信、受信を区別するR/Wビットになっていて、マスタ側が指定して出力します。アドレス部の最後の9ビット目は、指定アドレスのスレーブからのACK信号の返信となります。このあとは、指定された1台のスレーブが、マスタと1対1で指定された送信か受信でデータそのものの通信を行います。

送信か受信かによって手順が分かれますが、送信側のデータバイト送信後、受信側がACKを返すという手順で進行します。そして通信の最後はマスタ側からのストップ条件出力で終了します。

マスタが受信する場合には、スレーブからのデータに対し通常はACKを返送しますが、受信を終了する最後のデータ受信に対しては、NACK（非ACK）を返送します。これでスレーブ側に送信完了を通知したことになり、スレーブは送信を終了しマスタからのストップ条件を待ちます。

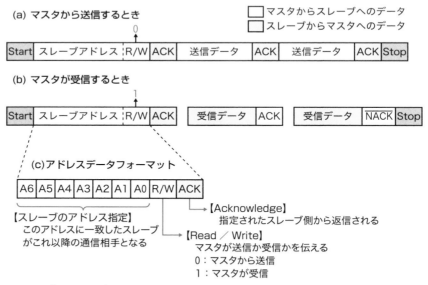

▲ **図 4.1.3** I²C 通信のデータフォーマット

▶ 4-1-3 │ I²C モジュールの使い方

用語解説

・MSSP

Master Synchronous Serial Port の略で I²C か SPI で使われる。

　PIC16F18313 では MSSP モジュールが I²C モジュールの機能を果たします。MSSP モジュールを I²C モードで使うときは、ほとんどの場合、マスタモードで使いますので、ここではマスタモードのときの MSSP モジュールについて説明します。

　I²C マスタモードの場合の MSSP の構成は**図4.1.4**のようになります。マスタの場合には常に SCL ピンにクロックを供給します。このためボーレートジェネレータを内蔵していて、一定の周波数の SCL 信号を出力します。

　その他、Start Condition や Stop Condition の送信機能もマスタの機能として用意されています。データはシフトレジスタを使って、SCL のクロックに合わせて出力または入力されます。スタート条件、ストップ条件、ACK 受信、送受信完了などのイベントごとに割り込みを生成するようになっています。

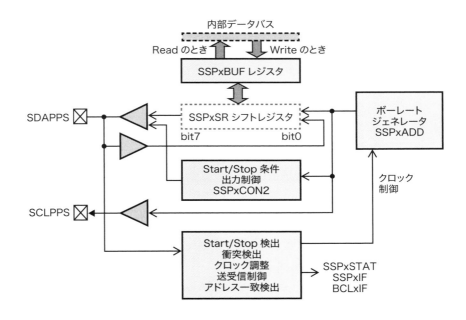

▲ **図 4.1.4　MSSP（I²C マスタモード時）の構成**

▶▶ 4-1-4 │ MCC による I²C モジュールの設定と関数の使い方

PIC16F18313でMSSPモジュールをMCCで使う場合、選択はMPLAB X IDEの左下にある、〔Device Resources〕の窓で行います。図4.1.5の①で、〔MSSP1〕をダブルクリックすると、②のように［Project Resources］欄の［Peripherals］に移動して、右側が設定窓になります。

ここでは次のように設定します。③［mode］で「I2C Master」※1を選択し、④で通信速度を「100kHz」※2にします。次に⑤でSCL1ピンとSDA1ピンを回路図に合わせて指定します。これでピンの割り付けをしたことになります。これだけの設定で、MSSP1をI²Cマスタモードで使うことができます。

📎アドバイス▶
※1：I2Cを選択すると、デフォルトでMasterになっているのでそのままとします。

📎アドバイス▶
※2：デフォルトが100kHzになっています。

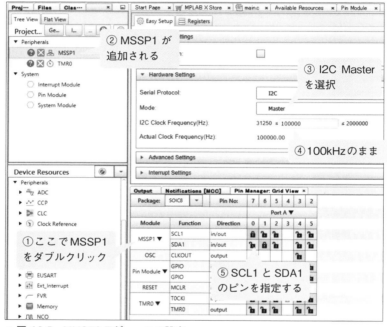

▲図 4.1.5　MMSP2 モジュールの設定

これで設定が完了し〔Generate〕ボタンをクリックしてソースコードを生成します。これによりMSSP1に関する制御関数がi2c1_master.cとして自動生成されます。この中にI2C1の制御関数としては多くの関数が生成※3されますが、実際に使う関数はわずかで表4.1.1のようになります。

表中の使用例にあるように、送受信はSetBufferでバッファを用意してから、MasterReadかMasterWriteをバイト数を指定して実行するだけという簡単に使える構成になっています。

※3：イベントごとに関数が生成されているので、非常に多くの関数があり複雑なプログラムとなっています。

▼表 4.1.1　自動生成される I²C1 用関数

関数名	書式と使い方
I2C1_Open	《機能》I2C1 モジュールの使用を開始する 《書式》i2c1_error_t I2C1_Open(i2c1_address_t address) 　　　　　address：I2C スレーブのアドレス　7 ビット 　　　　　戻り値：I2C1_BUSY、I2C1_NOERR
I2C1_SetBuffer	《機能》送受信するバッファとデータ数の指定 《書式》void I2C1_SetBuffer(void *buffer, size_t bufferSize) 　　　　　buffer：バッファのポインタ 　　　　　bufferSize：バッファのバイト数（送受信データ数）

I2C1_MasterWrite	《機能》指定バイト数のデータをバッファから送信する
	《書式》i2c1_error_t I2C1_MasterWrite(void)
	　　　　　戻り値：I2C1_NOERR、I2C1_BUSY、I2C1_FAIL
	《使用例》
	　　char tbuf[2];
	　　tbuf[0] = 0x40;
	　　tbuf[1] = data;
	　　I2C1_SetBuffer(tbuf, 2);
	　　I2C1_MasterWrite();

I2C1_MasterRead	《機能》指定バイト数を指定バッファに読み込む 《書式》i2c1_error_t I2C1_MasterRead(void) 　　　　　戻り値：I2C1_NOERR、I2C1_BUSY、I2C1_FAIL 《使用例》 　　char rbuf[4]; 　　I2C1_SetBuffer(rbuf, 4); 　　I2C1_MasterRead();

本書では、これらの関数を実際に使って液晶表示器の制御を行います。

4-2 製作例 温湿度計の構成と機能仕様

MSSPモジュールをI²Cマスタモードで使った製作例として、温湿度計を製作します。

製作した温湿度計の外観が**写真4.2.1**となります。中央にあるのが温湿度センサで、右上の液晶表示器に温度と湿度を表示しています。右側にある黒いトランジスタ型のICは**3端子レギュレータ**です。

 用語解説

・3端子レギュレータ
 出力電圧を常に一定に保つ働きを持ったIC。

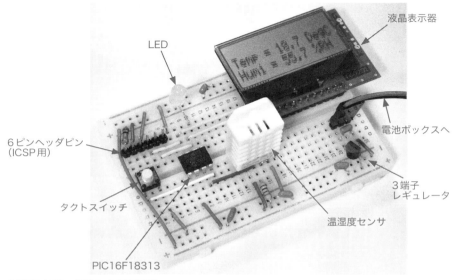

▲写真 4.2.1 製作した温湿度計

▶ 4-2-1 温湿度計の機能と使用

製作する温湿度計は**表4.2.1**のような機能仕様とすることにします。センサには市販の温湿度モジュールを使い、表示器にI²Cインターフェースの液晶表示器を使うことにします。製作はブレッドボードで行います。

 **参照**

製作のための部品表は、表4.3.3を参照してください。

▲図 4.2.1 ブレッドボード

▼表 4.2.1　温湿度計の機能仕様

項目		機能仕様
温湿度センサ	型番	AM2302
	電源 消費電流	3.3V 〜 5.5V 0.5mA（計測時）　15 μ A（平均）
	温度	範囲：− 40℃〜 80℃　分解能：0.1℃ 精度：± 0.5℃
	湿度	範囲：0 〜 99.9%RH　分解能：0.1% RH 精度：± 2%　　　　応答時間：5 秒以下
液晶表示器	型番	SB1602B
	電源 消費電流	2.7V 〜 3.6V 約 150 μ A
	インターフェース	I2C　最大 400kHz　アドレス：0x3E
	表示内容	16 文字×2 行　＋アイコン表示 英数字カナ 256 種　アイコン 9 種
その他表示	LED（抵抗内蔵）	計測の都度点滅
操作	リセット	リセットスイッチによる
電源	バッテリ	単 3 アルカリ電池　3 本直列 レギュレータで 3.3V 生成

上記仕様を満足する全体構成を**図4.2.2**のようにしました。

電源には液晶表示器に3.3Vが必要ですので、アルカリ電池3本のバッテリに、小型の3端子レギュレータを接続して3.3Vとし、全体を3.3V動作としています。

液晶表示器はI²CですのでRA0ピンとRA1ピンを使って接続しました。このピンはICSPで書き込み用にも使いますから、書き込み後プログラマを外してからリセットスイッチを押さないと液晶表示器が動作しません。重複しないような接続構成も可能ですが、他の製作例も同じ構成とするためにこの接続構成としました。

温湿度センサは専用の単線シリアル通信で接続することになりますので、RA4ピンを使います。あと、動作確認用にLEDをRA2ピンに接続しています。

アドバイス

書き込み後、プログラマを外してからリセットスイッチを押してください。

用語解説

・単線シリアル通信
　1 本の配線で送受信を行う方式。

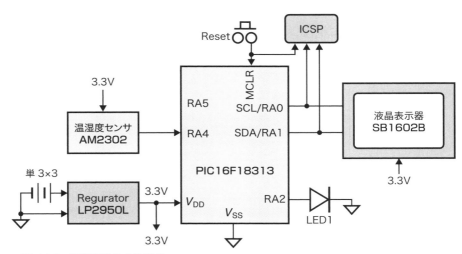

▲図 4.2.2　温湿度計の全体構成

4-3 温湿度計のハードウェアの製作

図4.2.2の構成に基づいて回路設計を進めます。その前に、液晶表示器と温湿度センサの使い方を説明します。

▶ 4-3-1 液晶表示器の使い方

・バックライト
 液晶の背面に設ける照明。

使った液晶表示器の仕様は図4.3.1のようになっています。バックライト付きのモデルもありますが、本書ではバックライトはなしとし、すべての製作例で同じ液晶表示器を使っています。

型番　　　　：SB1602B
電源電圧　　：2.7V〜3.6V
使用温度範囲：−20〜70℃
I2Cクロック　：最大400kHz
I2Cアドレス　：0b0111110（7ビットアドレス）
バックライト：なし
コントラスト：ソフトウェア制御
表示内容　　：英数字カナ記号・256種
　　　　　　　アイコン9種　16文字×2行
リセット　　：リセット回路内蔵、外部も可能

▲図 4.3.1　液晶表示器の仕様

マイコンとの接続はI²Cインターフェースとなっていますから、クロック（SCL）とデータ（SDA）の2本だけで接続します。また、この液晶表示器のI²C通信はマイコンからの出力となるWriteモードだけとなっていますので、図4.3.2のような簡単な手順で通信ができるようになっています。

最初にスレーブアドレス＋Writeコマンドを1バイトで送信します。この液晶表示器のスレーブアドレスは「0111110」（0x3E）の固定アドレスとなっており、Writeコマンドは「0」ですから、最初の1バイト目は「0111 1100」（0x7C）というデータを送ることになります。

この後にはデータを送りますが、データは制御バイトとデータバイトのペアで常に送信するようにします。制御バイトは上位2ビットだけが有効ビットです。最上位ビットは、この送信ペアが継続か最終かの区別ビットで、「0」のときは最終データペア送信で、「1」のときはさらに別のデータペア送信が継続することを意味しています。本書では常に「0」として使います。

次のRビットはデータの区別ビットで、続くデータバイトがコマンド（0の場合）か、表示データ（1の場合）かを区別します。コマンドデータの場合は、多くの制御を実行させることができます。表示データの場合は、液晶表示器に表示する文字データとなります。

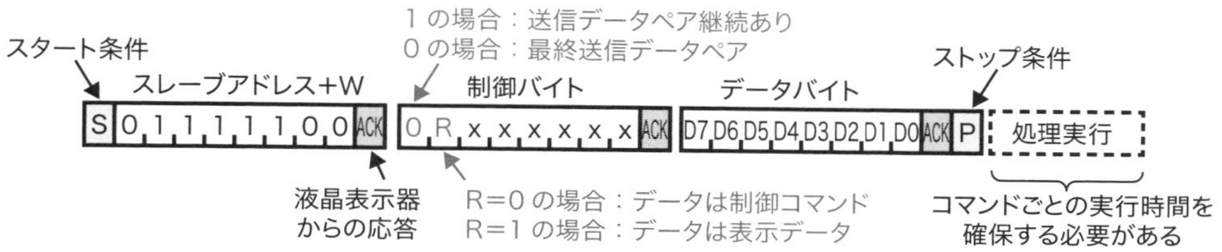

▲ 図 4.3.2　I²C 通信フォーマット

　この液晶表示器は、制御コマンドを送信することで多くの制御を行うことができます。この制御コマンドには、大きく分けて標準制御コマンドと拡張制御コマンドとがあります。標準制御コマンドには、**表4.3.1**のような種類があり、基本的な表示制御を実行します。コマンドごとに処理するために必要な実行時間があり、マイコンのプログラムでは、このコマンド実行終了まで次の送信を待つ必要があります。特に全消去とカーソルホームには1msec以上の時間がかかりますから、コマンドを送信後この時間だけ待つ必要があります。

▼ 表 4.3.1　標準制御コマンド一覧

コマンド種別	DBx								データ内容説明	実行時間
	7	6	5	4	3	2	1	0		
全消去	0	0	0	0	0	0	0	1	全消去しカーソルはホーム位置へ	1.08msec
カーソルホーム	0	0	0	0	0	0	1	*	カーソルをホーム位置へ、表示変化なし	
書き込みモード	0	0	0	0	0	1	I/D	S	メモリへの書込方法と表示方法の指定　I/D：メモリ書込で表示アドレスを＋1(1)または－1(0) する。　S：表示全体シフトする (1)　しない (0)	26.3μsec
表示制御	0	0	0	0	1	D	C	B	表示やブリンクのオン／オフ制御　D：1で表示オン　0でオフ　C：1カーソルオン　0でオフ　B：1ブリンクオン　0でオフ	
機能制御	0	0	1	DL	N	DH	0	IS	動作モード指定で最初に設定　DL：1で8ビット　0で4ビット　N：1で1/6　0で1/8 デューティ　DH：倍高指定　1で倍高　0で標準　IS ：拡張コマンド選択（表 4.3.2 参照）	
表示メモリアドレス	1	DDRAM アドレス							表示用メモリ (DDRAM) アドレス指定　この後のデータ入出力は DDRAM が対象　表示位置とアドレスとの関係は下記　行　　DDRAM メモリアドレス　1行目 0x00　〜　0x13　2行目 0x40　〜　0x53	

　拡張制御コマンドには2種類あり、**表4.3.1**の機能制御コマンドのISビットで選択します。ISビットが「0」のときの拡張制御コマンドには**表4.3.2(a)**のようなコマンドがあり、ISビットが「1」のときの拡張制御コマンドには**表4.3.2(b)**のようなコマンドがあります。拡張制御コマンドは、電源やコントラストなど初期設定に必要なコマンドとアイコン選択をするためのコマンドがあります。

▼ 表 4.3.2　拡張制御コマンド一覧

(a) 拡張制御コマンド一覧 (IS=0 の場合)

コマンド種別	DBx								データ内容説明
	7	6	5	4	3	2	1	0	
カーソルシフト	0	0	0	1	S/C	R/L	*	*	カーソルと表示の動作指定 　S/C：1で表示もシフト　　0でカーソルのみシフト 　R/L：1で右　　　　　　　0で左シフト
文字アドレス	0	1	CGRAM アドレス						文字メモリアクセス用アドレス指定 (6 ビット) この後のデータ入出力は CGRAM が対象となる

(b) 拡張制御コマンド一覧 (IS=1 の場合)

コマンド種別	DBx								データ内容説明
	7	6	5	4	3	2	1	0	
バイアスと内蔵クロック周波数設定	0	0	0	1	BS	F2	F1	F0	バイアス設定 　BS：1で1/4バイアス　　0で1/5バイアス クロック周波数設定　F<2:0>=　100：380kHz 　　　　　　　110：540kHz　　111：700kHz
電源、コントラスト設定	0	1	0	1	IO	BO	C5	C4	アイコン制御　IO：1で表示オン　0で表示オフ 電源制御　BO：1でブースタオン　0でオフ コントラスト制御の上位ビット 　コントラスト設定コマンドと C<5:0> で制御
フォロワ制御	0	1	1	0	FO	R<2:0>			フォロワ制御　FO：1でフォロワオン　0でオフ フォロワアンプ制御 　R<2:0>　LCD 用 VO 電圧の制御
アイコン指定	0	1	0	0	AC<3:0>				アイコンの選択 　AC<3:0> の値とアイコン対応は図 4.3.4 を参照
コントラスト設定	0	1	1	1	C<3:0>				コントラスト設定 　C5、C4 と組み合わせて C<5:0> で設定する

用語解説

・ASCII
American Standard
Code for Information
Interchange
　元々は英文字を7
ビットでコード化したも
の。JIS で 8 ビットに
拡張してカタカナを追
加した。

　表示データとしてASCIIコードを送信すると1文字表示しますが、その
ASCIIコードと文字の対応は**図4.3.3**のようになっています。通常のASCIIコー
ドでは、0x00から0x1F、0x80から0x9F、0xE0から0xFFには文字はないの
ですが、この液晶表示器にはこの範囲に特殊文字が割り当てられています。C
言語でこの文字を表示する場合には、16進数で指定する必要があります。

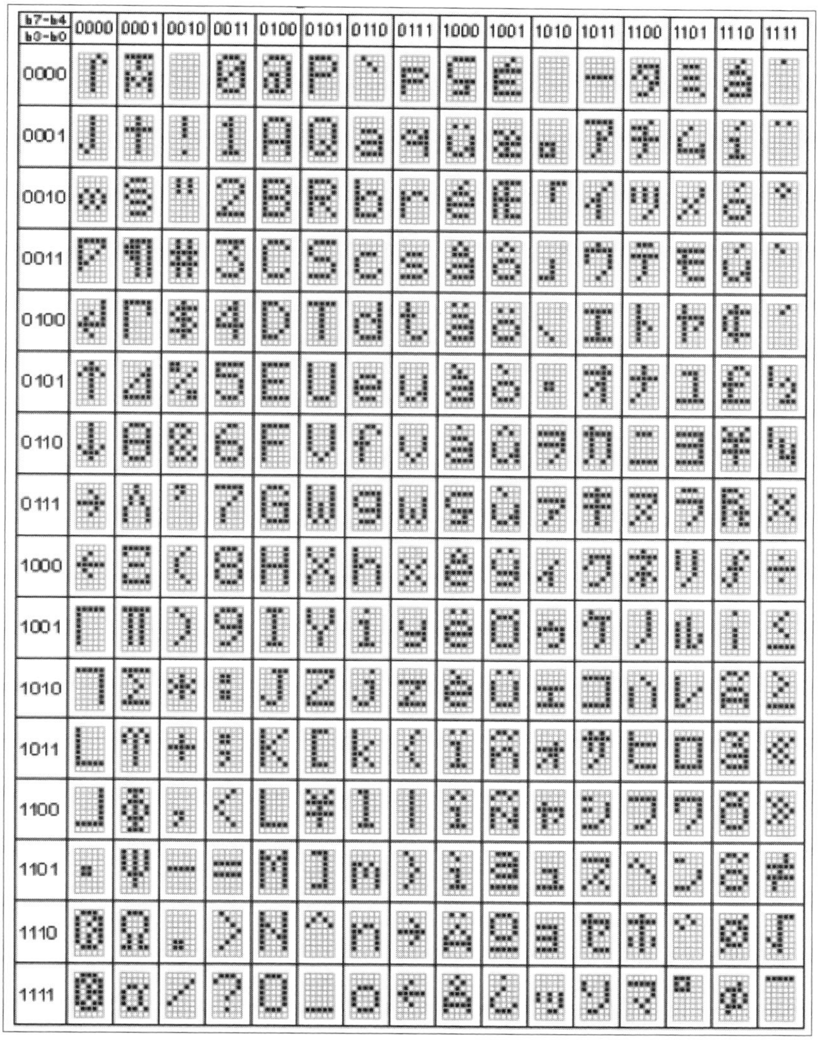

▲ 図4.3.3　液晶表示器の文字メモリ内容（データシートより）

　アイコンを表示する場合には、表示するアイコンのオン／オフを制御するデータのアドレスとデータビットで指定します。16個のアドレスごとに5ビットの制御データでオン／オフができるようになっていますので、最大5×16＝80個のアイコンの制御が可能です。

　しかし、本書で使っている液晶表示器は13個のアイコンだけとなっています。アイコン制御データの位置と実際の表示アイコンとの対応は、図4.3.4のようになっています。

この制御コマンドを使ってアイコンを表示、消去する手順は次のようにします。

① 機能制御コマンドでISビットを1にして送信。

② アイコンアドレスを送信。

③ アイコン制御ビットを設定して送信。

（ビットを1とすれば表示、0とすれば消去）

④ ISビットを0に戻して機能制御コマンド送信。

ICON address	ICON RAM bits				
	D4	D3	D2	D1	D0
00H	S1	S2	S3	S4	S5
01H	S6	S7	S8	S9	S10
02H	S11	S12	S13	S14	S15
03H	S16	S17	S18	S19	S20
04H	S21	S22	S23	S24	S25
05H	S26	S27	S28	S29	S30
06H	S31	S32	S33	S34	S35
07H	S36	S37	S38	S39	S40
08H	S41	S42	S43	S44	S45
09H	S46	S47	S48	S49	S50
0AH	S51	S52	S53	S54	S55
0BH	S56	S57	S58	S59	S60
0CH	S61	S62	S63	S64	S65
0DH	S66	S67	S68	S69	S70
0EH	S71	S72	S73	S74	S75
0FH	S76	S77	S78	S79	S80

▲ 図 4.3.4 アイコン制御ビットとアイコンの対応

（「低電圧 I²C 液晶モジュールアプリケーションノート」（株）ストロベリー・リナックスより）

▶ 4-3-2 温湿度センサの使い方

本書で使った温湿度センサは、図4.3.5のような外観と仕様となっています。外部接続が単線シリアル通信となっています。

型番　　　：AM2302

電源電圧　：3.3V〜5.5V

消費電流　：0.5mA（動作時）

湿度センサ：0〜99.9%RH 精度±2%RH

　　　　　：レスポンス 5秒以内

　　　　　：分解能 0.1%

温度センサ：−40℃〜80℃ 精度±0.5℃

　　　　　：レスポンス 5秒以内

　　　　　：分解能 0.1℃

外部接続　：単線シリアル

　　　　　：オープンドレイン構成

　　　　　　（プルアップ抵抗が必要）

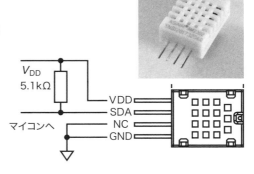

▲ 図 4.3.5 温湿度センサの仕様

単線シリアル通信で接続した場合のデータフォーマットは、**図4.3.6**のように
なっています。

最初にマイコン側から出力モードで0.8msec以上のLowの信号を送ったあと
入力モードにして待ちます。このパルスが動作開始トリガとなってセンサから
応答が返ってきます。応答の最初は80μsecずつのLowとHighが出力され、
その後から40ビットのデータが送られてきます。データは0と1でHighの時間
が異なることで区別されています。Lowの時間は50μsecで同じですから、
Lowが終わったらそこから40μsec～50μsec待ったあと、信号がHighだっ
たら1と判定し、Lowだったら0と判定すれば区別がつきます。

この読み出し動作は2秒以上の間隔で実行する必要があります。またパリティ
は4バイトのデータの加算で行われていますが、本書ではチェックを省略して
います。

このように単線シリアル通信はちょっと特殊な通信で、内蔵の周辺モジュー
ルでは制御できません。そこで、汎用入出力ピンを使ってプログラムでシリア
ル通信を制御します。

アドバイス

0と1でパルス幅が
異なるので、全体の通
信時間はデータ内容に
より異なることになり
ます。

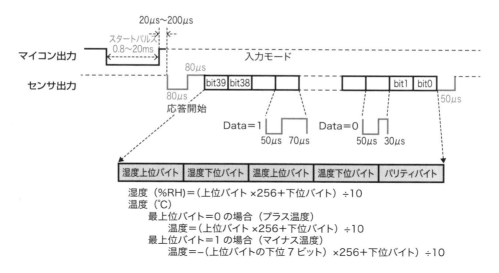

▲**図4.3.6　温湿度センサの単線シリアルのデータ**

▶ 4-3-3 | 回路設計と組み立て

図4.2.2の構成に基づいて作成した回路図が**図4.3.7**となります。電源は使いまわしの単3アルカリ3本直列のバッテリとし、3端子レギュレータで3.3Vを生成し、すべてをこの3.3Vで動作させています。

液晶表示器は構成通りRA0ピンとRA1ピンに接続していますが、I²Cですのでプルアップ抵抗が必要です。ここでは液晶表示器の駆動能力を考慮して10kΩとやや大きめの抵抗にしました。さらにリセットピン（RST）も抵抗でプルアップしています。

温湿度センサのSDAピンは5.1kΩでプルアップしています。これがないとデータが出力されないので注意してください。動作確認用にLEDをRA2ピンに接続していますが、このLEDには抵抗内蔵のものを使って直列抵抗を省略しました。

アドバイス

液晶表示器のI²Cの駆動能力が弱いので、小さな抵抗値だと通信エラーが起きるため、大きめの抵抗にしました。

アドバイス

リセットピンにより、液晶表示器側で電源オン時にリセット動作が行われます。

参照

→ 1-3-2 リセットピン

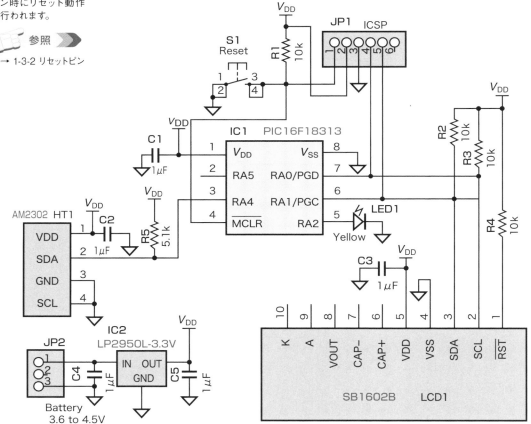

▲ 図 4.3.7　温湿度計の回路図

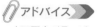
アドバイス

本書で使用する部品の多くを、秋月電子通商のオンラインで購入しています。

なお、本書に掲載した部品の情報は本書の執筆時のものです。変更・終売になっていることがありますので、秋月電子通商のWebサイト、HPにて最新の情報をご確認ください。

アドバイス

上下両方が長いピンとなっています。

この回路の組み立てに必要な部品は表4.3.3となります。液晶表示器以外はすべて秋月電子通商から購入できます。

ブレッドボードには小さめのものを使いました。本書ではすべての製作例で、この小型サイズのブレッドボードを使っています。

抵抗はちょっと大きめの1/4Wサイズがブレッドボードには使いやすいと思います。ヘッダピンには両端ロングピンのタイプを使うことでブレッドボード側にも確実に挿入できます。

▼表4.3.3　部品表

型番	種別	名称、パーツ記号	数量	入手先
IC1	マイコン	PIC16F18313-I/SP	1	秋月電子通商
IC2	レギュレータ	LP2950L-3.3V	1	
LED1	抵抗内蔵LED	OSY5LU5B64A-5V	1	
LCD1	液晶表示器	SB1602B I2C低電圧キャラクタ	1	ストロベリーリナックス
HT1	温湿度センサ	AM2302	1	秋月電子通商
S1	タクトスイッチ	小型基板用（黄色）	1	
R1,R2,R3,R4	抵抗	10kΩ　1/4W	4	
R5	抵抗	5.1kΩ　1/4W	1	
C1,C2,C3,C4,C5	コンデンサ	1uF 16/25V 積層セラミック	5	
JP1	ヘッダピン	6ピン　両端ロングピン	1	
JP2	ヘッダピン	3ピン　両端ロングピン	1	
ブレッドボード		EIC-801	1	
		ブレッドボード用ジャンパワイヤ	1	
電池ボックス		単3　3本用　リード線	1	
		3ピン コネクタ用ハウジング	1	
		ケーブル用コネクタ	2	
バッテリ		単3　アルカリ電池	3	

部品が揃ったらブレッドボードで組み立てます。組立図が図4.3.8となります。液晶表示器を取り外した状態の図となっていて、液晶表示器の下に抵抗などを実装しています。温湿度センサの3ピンと4ピンのジャンパ接続を忘れないようにしてください。また、3端子レギュレータは図のように、出力、GND、入力の順のピン配置になっていますから、こちらも間違いがないように実装してください。ブレッドボードの上端と下端の青と赤の横ラインはGNDと電源に使っていますので、上と下を連結する必要がありますので、こちらも忘れないようにしてください。特にGNDはスイッチS1とJP1を経由して連結しています。

　液晶表示器とPICマイコン間の接続ジャンパが長くなり、標準で用意されている長さのものでは合うものがありません。しかし、もともと用意されている黄や緑や赤（橙）の長いジャンパ線は、まず使うことがありませんから、これらを必要な長さに切断して必要な長さにして使います。

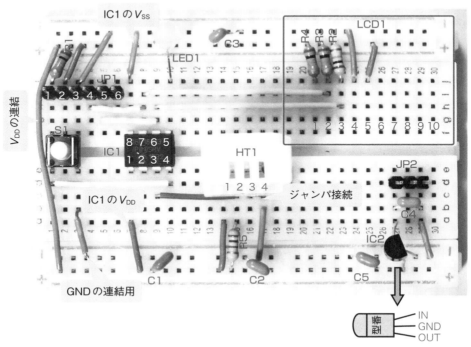

▲ 図 4.3.8　温湿度計の組立図

・電池ボックス
→ p.80

　電源の電池は第3章の「3-2 LEDボードのハードウェア製作」で製作した電池ボックスを使いまわしています。これをJP2の3ピンのヘッダピンに接続します。挿入する向きを間違えないようにしてください。逆向きに接続するとレギュレータが壊れます。
　以上で組み立ては完了です。次はプログラムの製作です。

4-4 温湿度計のプログラム製作

▶▶ 4-4-1 | MCC の設定

ハードウェアが完成したら次はプログラムの製作です。この温湿度計のプログラムは、つぎのような機能として製作することにします。

- ・タイマ0の2秒間隔の割り込みでセンサの計測を実行する。
- ・計測結果のデータを液晶表示器に表示する。
- ・この計測ごとにLED1を点灯する。

計測結果の液晶表示器の表示フォーマットは、図4.4.1のようにすることとします。データは温度、湿度ともに小数点以下1桁として3桁で表示します。これで液晶表示器の16文字2行にピッタリで納まります。

```
Temp  = 18.3 DegC
Humi  = 45.3 %RH
```

▲図 4.4.1　液晶表示器の表示フォーマット

参照
→ 第2章参照。
M P L A B　C o d e
Configurator

アドバイス
ここではDドライブとしましたが、ドライブは読者がお使いのものに変更してください。

このプログラムをMCCで製作していきます。

まずMPLAB X IDEを起動してプロジェクトを作成します。プロジェクト名は「LCD_Sensor」、フォルダを「D:¥PIC16¥LCD_Sensor」とします。プロジェクトの作成からSystem Moduleの設定までの手順は第2章を参照してください。

MCCを起動しSystem Moduleの設定が完了したら、まずタイマ0の設定をします。タイマの詳細については第5章を参照してください。ここではタイマ0を2秒間隔の割り込みを生成するように設定します。

まず、①［Device Resources］の欄の［Timer］の中の「TMR0」をダブルクリックします。これで②上の窓にTMR0が移動して右側の窓が設定窓となります。

設定では③クロック源（Clock Source）を「FOSC/4」とし、④［Timer mode］で「16bit」（16 ビット）モードとします。この後右側の［Timer Period］の欄を見ながら⑤の［Clock Prescaler］（プリスケーラ）の値を変更し、2 秒が選択できるプリスケーラ値を選択します。ここでは「1:512」とすれば 4 秒までできますから、⑥［Requested Period］で「2s」と入力します。これで 2 秒のタイマとしたことになります。次は⑦で割り込みありとし（［Enable Timer Interrupt］をチェック）、さらに⑧（［Callback Function Rate］）で「1」と入力して毎回割り込みで Callback 関数を呼び出すこととします。これで⑨ 2 秒周期で割り込みが発生することが確認できます。

⑧のここに設定する数値で、何回の割り込みで Callback 関数を呼び出すかが設定されます。

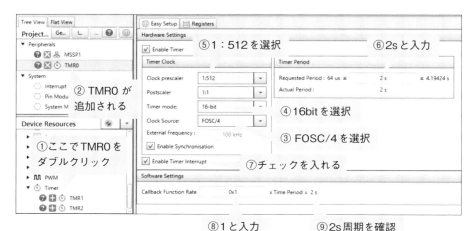

▲図 4.4.2 タイマ 0 の MCC の設定

次は液晶表示器を動かすための I²C の設定です。この PIC マイコンでは MSSP1 モジュールが I²C モジュールとして使えますから、第 4 章の「4-1 I²C 通信と I²C モジュールの使い方」で説明したように図 4.4.3 のように設定します。これで I²C マスタとして 100kHz で動作します。

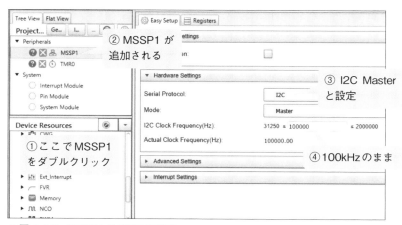

▲図 4.4.3 MSSP1 の MCC の設定

次に入出力ピンの設定をします。設定は回路図に合わせて**図4.4.4**のようにします。センサ用のRA4ピンはプログラムで入出力を切り替えますが、設定は入力とし、名称をSDAとしておきます。

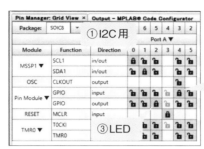

▲ 図 4.4.4 入出力ピンの MCC の設定

以上でMCCの設定は完了ですから、〔**Generate**〕ボタンをクリックしてコードを生成します。

▶ 4-4-2 液晶表示器の制御方法

液晶表示器はI²Cの関数を使って制御しますが、本書では初期化制御や文字表示制御を含めてライブラリを作成しました。ライブラリは次の2つのファイルで構成されていますので、この2つのファイルを入手し、プロジェクトフォルダ（D:¥PIC16¥LCD_Sensor¥LCD_Sensor.X）にコピーしてからプロジェクトに登録して使います。

　　lcd_lib2.h ：ヘッダファイル
　　lcd_lib2.c ：ソースファイル
登録方法は**図4.4.5**のような手順で行います。
　　①プロジェクト窓の中のHeader FileまたはSource Fileを右クリックします。
　　②これで開くドロップダウンリストで、Add Existing…をクリックします。
　　③これで開くファイルダイアログで、追加するファイルを選択します。
　　④ Selectボタンをクリックします。
　　⑤ これを Header File と Source File で実行します。

📎**アドバイス**▶

ファイルは、技術評論社・書籍案内「改訂新版 8ピンPICマイコンの使い方がよくわかる本」の『本書のサポートページ』よりダウンロードできます。（p.2の「プログラムリストのダウンロード」参照）

📎**アドバイス**▶

Header File には lcd_lib2.h を、Source File には lcd_lib2.c を登録します。

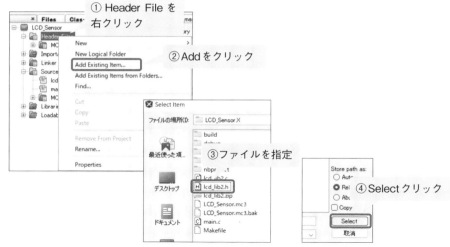

▲図 **4.4.5** ファイルのプロジェクトへの登録方法

こうして登録した液晶表示器ライブラリには**表4.4.1**のような関数が用意され
ていますので、これらを使って液晶表示器を制御します。

▼表 **4.4.1** 液晶表示器ライブラリが提供する関数

関数名	機能内容と書式
lcd_init	《機能》液晶表示器の初期化処理を行う 《書式》void lcd_init(void);　　　// パラメータなし
lcd_cmd	《機能》液晶表示器に対する制御コマンドを出力する 《書式》void lcd_cmd(unsigned char cmd); 　　　　cmd：8 ビットの制御コマンド 《使用例》lcd_cmd(0x80);　　// 1 行目にカーソルを移動する 　　　　　lcd_cmd(0xC0);　　// 2 行目にカーソルを移動する
lcd_data	《機能》液晶表示器に表示データを出力する 《書式》void lcd_data(unsigned char data); 　　　　data：ASCII コードの文字データ 《使用例》lcd_data('A');　　// 文字 A を表示する
lcd_clear	《機能》液晶表示器の表示を消去しカーソルを Home に戻す 《書式》void lcd_clear(void);　　// パラメータなし 　　　　lcd_cmd(0x01); と同じ機能
lcd_str	《機能》ポインタ ptr で指定された文字列を出力する 《書式》void lcd_str(unsigned char* ptr); 　　　　ptr：文字配列のポインタ、文字列直接記述は Warning が出る 《使用例》StMsg[]=" Start!!";　　// 文字列の定義 　　　　　lcd_str(StMsg);
lcd_icon	《機能》指定したアイコンの表示のオンオフを行う 《書式》void lcd_icon(unsigned char num, unsigned char onoff) 　　　　num：アイコンの番号指定（0 から 13） 　　　　onoff：1＝表示オン　　0＝表示オフ 《使用例》lcd_icon(10, 1);　　// BAT 容量少表示 《アイコン種類》 　　　0＝アンテナ　1＝電話　　2＝無線　　3＝ジャック　4＝△ 　　　5＝▽　　　　6＝△▽　　7＝鍵　　　8＝ピン　　　9＝電池なし 　　　10＝電池少　11＝電池中 12＝電池多 13＝丸

I²Cに関する関数はこの液晶表示器ライブラリの中だけで使うのみですので、main.c関数の中でI²Cの関数を使うことはありません。液晶表示器ライブラリの中で実際に使っている部分のプログラムが**リスト4.4.1**となります。文字データを送信する関数と、コマンドデータを送信する関数です。さらに初期化関数の中でオープン関数[1]を使っています。

アドバイス

※1：液晶表示器のI²Cアドレスは0x3Eです。

参考

プログラムは、技術評論社・書籍案内「改訂新版8ピンPICマイコンの使い方がよくわかる本」の『本書のサポートページ』よりダウンロードできます。（p.2の「プログラムリストのダウンロード」参照）

リスト4.4.1 液晶表示器のI²C制御部（lcd.lib2.c内）

```c
/*****************************
* 液晶へ1文字表示データ出力
*****************************/
void lcd_data(char data)
{
    char tbuf[2];
    tbuf[0] = 0x40;             // データ指定
    tbuf[1] = data;             // 文字データ
    I2C1_SetBuffer(tbuf, 2);    // バッファ設定
    I2C1_MasterWrite();         // I2C送信
    __delay_us(30);             // 遅延
}


/*****************************
* 液晶へ1コマンド出力
*****************************/
void lcd_cmd(char cmd)
{
    char tbuf[2];
    tbuf[0] = 0x00;             // コマンド指定
    tbuf[1] = cmd;              // コマンドデータ
    I2C1_SetBuffer(tbuf, 2);    // バッファ設定
    I2C1_MasterWrite();         // I2C送信
    /* Clearか Homeか */
    if((cmd == 0x01)||(cmd == 0x02))
        __delay_ms(2);          // 2msec待ち
    else
        __delay_us(30);         // 30μsec待ち
}
/*****************************
* 初期化関数
*****************************/
void lcd_init(void)
{
    I2C1_Open(0x3E);        // I2Cモジュール起動
    __delay_ms(150);        // 初期化待ち
    lcd_cmd(0x38);          // 8bit 2line Normal mode
    lcd_cmd(0x39);          // 8bit 2line Extend mode
    lcd_cmd(0x14);          // OSC 183Hz BIAS 1/5
    lcd_cmd(0x7F);          // Contrast Set
```

4-4-3 | 温湿度計のプログラムの作成

自動生成された関数と液晶表示器ライブラリの関数を使って、温湿度計のプログラム本体をmain.cの中に記述します。

温湿度計のプログラムは**図4.4.6**のようなフローで作成します。大きくメイン関数とタイマ0の割り込み処理関数、それと温湿度センサの制御関数で構成しています。

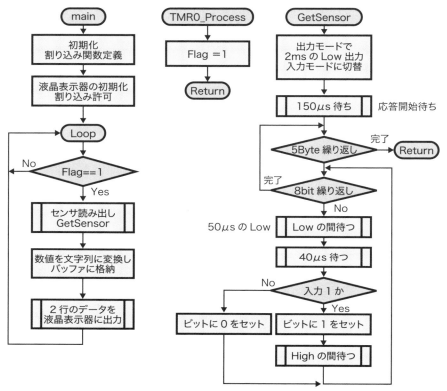

▲図4.4.6 プログラムフロー

タイマ0の割り込み処理関数ではFlag変数をセットしているだけです。これをメイン関数でチェックしていて、Flagがセットされるごと、つまり2秒ごとに実行を繰り返します。メイン関数では、温湿度センサから温度と湿度のデータを読み出し、その数値を文字列に変換してから液晶表示器に出力して表示しています。

温湿度センサの制御関数がGetSensor()関数で、ここでは、**図4.3.6**のシーケンスに従って40ビットのデータを読み出します。まずSDAピンを出力モードにして2msecのLowを出力したらすぐ入力モードに切り替えます。そして150μseec待ってから[※1]5バイトの信号の受信処理を開始します。

アドバイス

※1：これで応答開始の80μsec Low＋80μsec Highの後半の80μsecの途中になります。

アドバイス

※1：0でも1でも同じ50μsec間のLowがあります。

アドバイス

・High であれば
70μsecの中なので1です。
・Low であれば
30μsecで通り過ぎているので0です。
・High の場合
さらに、Lowになるまで70μsecの終わりまで待ちます。

ビット受信処理では、まず50μsecのLowの間待ち[1]、Highになったらさらに40μsec待ちます。この後でSDAピンを読んでHighであればそのビットは1、Lowであればそのビットを0と判定します。Highの場合はさらにLowになるまで待ち、ビット処理の最初に戻ります。これを40ビット分繰り返せば受信完了です。

この全体フローに従って作成したプログラムの宣言部とタイマ0の割り込み処理関数部が**リスト4.4.2**となります。main.cの最初には長文のコメントがありますので、ここは削除して書き換えています。

宣言部で液晶表示器の表示用バッファを2行分用意しています。この中に温湿度データを文字に変換して格納します。タイマ0の割り込み処理ではFlag変数に1を代入しているだけです。

リスト4.4.2 宣言部とタイマ0割り込み処理関数部

```
/**********************************************
 *   LCD + Sensor
 *    I2C LCD and AM2302(1Wire Serial)
 *    PIC16F18313
 **********************************************/
#include "mcc_generated_files/mcc.h"
#include "lcd_lib2.h"
// 変数定義
uint16_t Temperature, Humidity;
char DataByte[5], Flag;
char Line1[17] = "Temp = xx.x DegC";     表示用バッファ
char Line2[17] = "Humi = xx.x %RH ";
// 関数プロト
void GetSensor(void);
/****************************
 * タイマ0割り込み処理関数
 * 2秒周期
 ****************************/
void TMR0_Process(void){
    Flag = 1;
}
```

次がメイン関数本体部で、**リスト4.4.3**となります。最初の初期化部ではシステム初期化のあと、タイマ0の割り込みCallback関数の定義をしてから割り込みを許可しています。さらに液晶表示器の初期化後、開始メッセージを表示[2]してからメインループに入ります。

参考

※2：開始メッセージが表示されれば、液晶表示器は動作しています。

メインループでは、Flagのチェックをして1であれば処理を実行しますが、1以外の場合は何もしません。処理では、まず目印のLEDをオンにしてからセンサのデータを読み出し、5バイトのデータから湿度と温度のデータに変換します。ここでは小数点の処理を避ける[※1]ため10倍のデータ[※2]のまま扱います。

続いて数値を文字に変換しますが、sprintfなどの高機能関数を使うと大量のメモリ領域を必要としますので、ここは1桁ごと文字に変換する処理としています。つまり10進数として割り算した余りに文字の0を加算して数字に変換し、表示バッファの特定の位置に格納しています。

これが完了したら、1行ごとに液晶表示器に出力して表示させています。

📎アドバイス ▶

※1：小数点を含む実数の処理は、非常に大きなメモリを消費するため整数のまま扱います。

📎アドバイス ▶

※2：もともと温湿度センサの出力が10倍の値となっているので、10倍のデータのまま扱います。

リスト 4.4.3 メイン関数部

```
/********* メイン関数 ***************************/
void main(void)
{
    SYSTEM_Initialize();
    // タイマ0  Callback 関数定義
    TMR0_SetInterruptHandler(TMR0_Process);
    // 割り込み許可
    INTERRUPT_GlobalInterruptEnable();
    INTERRUPT_PeripheralInterruptEnable();
    lcd_init();                          // LCD 初期化
    lcd_clear();                         // LCD 全消去
    lcd_str("**Start Sensor**");         // 開始メッセージ
    /**** メインループ ****************/
    while (1)
    {
        if(Flag == 1){                   // 2 秒ごと
            LED_SetHigh();               // 目印
            Flag = 0;
            // センサデータ取得 2 項目
            GetSensor();
            Humidity = (uint16_t)DataByte[0]*256 + DataByte[1];
            Temperature = (uint16_t)DataByte[2]*256 + DataByte[3];
            // 文字に変換しバッファに格納
            Line1[7] = (char)(Temperature / 100) + '0';
            Temperature %= 100;
            Line1[8] = (char)(Temperature /10) + '0';
            Line1[10] = (char)(Temperature % 10) + '0';
            Line2[7] = (char)(Humidity / 100)  + '0';
            Humidity %= 100;
            Line2[8] = (char)(Humidity / 10) + '0';
            Line2[10] = (char)(Humidity % 10) + '0';
            // LCD 標示実行
            lcd_cmd(0x80);               // 1 行目指定
            lcd_str(Line1);
            lcd_cmd(0xC0);               // 2 行目指定
            lcd_str(Line2);
```

数値から文字への変換部

```
            LED_SetLow();
        }
    }
}
```

　最後が温湿度センサの制御関数で**リスト4.4.4**となります。ここはほぼ**図4.4.6**のフロー通りとなっています。単線シリアル通信を、汎用入出力ピンを使って制御[※1]するため、時間間隔をDelay文で制御しています。時間幅が長いのでこれで十分カバーできます。信号レベルのHighやLowが継続するとき、その終了する待ち合わせをwhile文で制御しています。

　いったん通信が始まったら、通信が終了するまでこのプログラムだけを実行する状態になりますから、約6〜10msec程度の間他の処理はできなくなります。

アドバイス

※1：Delay関数で時間を確保しながら、SDA_GetValue()関数で、SDAピンの入力をする方法です。

リスト4.4.4 センサ制御関数

```
/*******************************************
 *   AM2320 Get Data
 *   5Byte HumiH+HumiL+TempH+TempL+Check
 *******************************************/
void GetSensor(void){
    uint8_t i, j, pos;
    // Output StartPulse
    SDA_SetLow();
    SDA_TRIS = 0;                         // 出力モード
    __delay_ms(2);                        // 2msec
    SDA_SetHigh();
    SDA_TRIS = 1;                         // 入力モード
    __delay_us(150);                      // 最初のパルススキップ
    while(SDA_GetValue() == 1);           // High の間待つ
    // Get 40bit data 5 byte
    for(j=0; j<5; j++){                   // 5バイト繰り返し
        DataByte[j] = 0;                  // データリセット
        pos = 0x80;                       // 最上位ビットから
        for(i=0; i<8; i++){               // 8ビット繰り返し
            while(SDA_GetValue() == 0);   // Low の50usec待ち
            __delay_us(40);               // 40usec スキップ
            if(SDA_GetValue() == 1){      // 0と1の判定
                DataByte[j] |= pos;       // 1の場合セット
                while(SDA_GetValue() == 1); // ビット終わりを待つ
            }
            pos >>= 1;                    // 次のビットへ
        }
    }
}
```

　以上でプログラムの完成です。

▶▶ 4-4-4 │ プログラム動作確認

　以上でプログラムも完成しましたから、PICマイコンに書き込みます。書き込み手順は第2章の「2-5 コンパイルと書き込み実行」を参照してください。

　書き込みが完了すればすぐ動作を開始しますが、液晶表示器はプログラマと共用のピンになっているため動作しません。まずプログラマをブレッドボードから抜き取り、リセットスイッチを押します。これで開始メッセージが表示され、2秒後に液晶表示器に温湿度の表示がでれば正常動作しています。

　2秒経ってもセンサ情報が表示されないときは、センサの配線、センサ部のプログラムの間違いを確認してください。

第**5**章

タイマと割り込みの
使い方

　本章では、PIC マイコンの内蔵しているいくつかの種類の
タイマの構成とその使い方を説明しています。タイマでは多
くの場合割り込みを使いますので、その使い方の説明もして
います。
　実際の使用例として、タイマをフル活用した周波数カウン
タを製作します。

5-1 内蔵タイマの構成と使い方

アドバイス

それぞれ略号で、TMR0、TMR1、TMR2と記述されることが多いです。

PIC16F18313は、タイマとして**タイマ0**（Timer0、TMR0）、**タイマ1**（Timer1、TMR1）、**タイマ2**（Timer2、TMR2）の3種類を内蔵しています。それぞれの内部構成と使い方を説明します。

▶ 5-1-1 タイマ0の内部構成と動作

用語解説

・フルカウント
0xFFFFのこと。

アドバイス

※1：1回から16回まで指定できます。

アドバイス

※2：割り込みが許可されていれば、割り込み信号となります。

アドバイス

※3：任意のピンを指定できます。

アドバイス

※4：分周比は1/1から1/32768まで、2倍ごとに増やせます。

アドバイス

※5：同期させないとすると、スリープ中もカウントができるようになります。

アドバイス

※6：必ず上位バイト（TMR0H）から書き込む必要があります。

アドバイス

※7：この処理はMCCで自動生成されます。

なお、0になって割り込むので、次のカウント開始の値を再設定する必要があります。

タイマ0の内部構成は、16ビットタイマモードと8ビットタイマモードの2通りがあって、内部構成が大きく異なります。

まず、16ビットタイマモードのときの内部構成は、**図5.1.1**のようになります。タイマ本体は、TMR0上位バイトとTMR0Lの下位バイトとの2つのレジスタが連結された16ビットカウンタとなっています。これにパルスが入力されると、+1するアップカウンタとなっていて、フルカウントからさらに1パルス入ると、ロールオーバーして0に戻りますが、そのときポストスケーラにオーバーフローパルスを出力します。このポストスケーラに指定された回数[1]だけオーバーフローパルスが入力されると、TMR0IFビットが1となって割り込み要因[2]となります。

また、タイマ1にオーバーフロー信号を出力して、これでタイマ1のゲート機能を制御することもできます。さらにTMR0ピン[3]として外部へのパルス出力とすることもできます。

パルス源となるクロックにはいくつかのクロック源から選択ができ、さらにプリスケーラで分周[4]されてからパルス源となります。パルスは内部クロックに同期[5]させるか、させないかを選択できます。

オーバーフローパルスが発生する時間間隔は、TMR0HとTMR0Lにあらかじめ値を設定することで時間を短縮する方向に調整します。この場合、先にTMR0Hレジスタに値を書き込み、次にTMR0Lに値を書き込むと、そのタイミングでTMR0Hの値も一緒に16ビットの値として書き込まれます。これで、2回に分けて書き込む[6]間にカウントアップしてしまって、期待どおりの動作をしなくなることを回避できます。このレジスタへの書き込みは、割り込みごとに再設定する[7]必要があります。

ポストスケーラを1より大きくすると、毎回のロールオーバでは割り込みが発生しませんから、この再設定ができないため期待するインターバルになりません。したがって、16ビットタイマモードではポストスケーラを使わない方がよいでしょう。

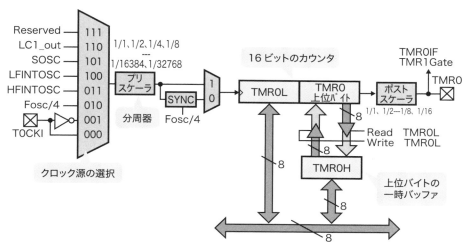

▲図5.1.1 タイマ0の構成（16ビットタイマモード）

次にタイマ0の8ビットタイマモードのときの内部構成は**図5.1.2**のようになります。16ビットタイマモードの場合と異なるのは、カウンタ部分で、下位バイト（TMR0L）がカウンタとなりますが、上位バイト（TMR0H）は周期レジスタの役割を果たし、TMR0LがTMR0Hと等しくなったとき、コンパレータからポストスケーラに一致出力をします。これがポストスケーラに設定された回数だけ発生すると割り込み要因となります。

・コンパレータ
この場合はデジタル数値の比較器。

さらに、一致したときTMR0Lが0にクリアされますので、次のカウントは自動的に0から再開されることになります。これでTMR0Lは0からTMR0Hの値の間のカウントを繰り返すことになりますから、カウント値の再設定が不要になり正確な一定周期のカウントを繰り返すことになります。

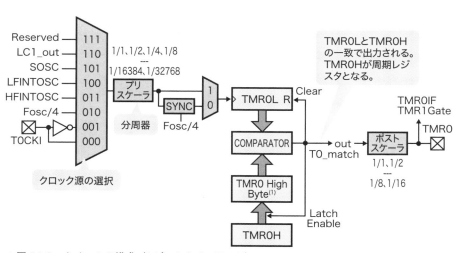

▲図5.1.2 タイマ0の構成（8ビットタイマモード）

用語解説

・MCC
　プログラムを開発する際に必須のPICマイコンの周辺モジュール関連の設定を自動的に生成するツール。

　このタイマ0のMCCの設定は図5.1.3のような画面で行います。クロック源を選択したあと、[Timer mode] で8ビットか16ビットかを選択します。この後 [Clock prescaler] の分周比を選択して、右側の [Timer Period] 欄の最大値が期待する時間範囲になるようにしてから、設定する時間を入力します。割り込みを使う場合には、[Enable Timer Interrupt] 欄にチェックを入れ、[Callback Function Rate] 欄に通常は「1」を入力します。この欄は、タイマだけで時間設定が不可能な長時間の場合に、何倍した時間で割り込みCallback関数を呼び出すかを設定します。

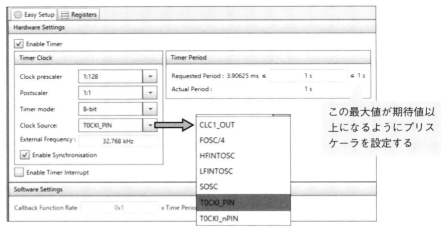

▲図5.1.3　タイマ0のMCCの設定

　これで自動生成されるタイマ0用の関数で、実際に使うものは表5.1.1のようになります。

▼表5.1.1　タイマ0用制御関数

関数名	書式と使い方
TMR0_StartTimer TMR0_StopTimer	《機能》タイマ0の動作を開始／停止する 《書式》void TMR0_StartTimer(void); 　　　　void TMR0_StopTimer(void);
TMR0_Read16bitTimer	《機能》タイマ0の現在のカウント値を取得する 《書式》uint16_t TMR0_Read16bitTimer(void); 　　　　戻り値：16ビットのカウント値
TMR0_Write16bitTimer	《機能》タイマ0のカウンタにカウント開始値を設定する 《書式》void TMR0_Write16bitTimer(uint16_t timerVal); 　　　　timerVal：設定する16ビットの値
TMR0_SetInterruptHandler	《機能》オーバーフロー割り込み関数の定義 《書式》void TMR0_SetInterruptHandler(void 　　　　(* InterruptHandler)(void)); 　　　　InterruptHandler：割り込み処理関数名

▶ 5-1-2 | タイマ1の内部構成と動作

タイマ1の内部構成は**図5.1.4**のようになっています。図のTMR1が16ビットカウンタの本体で、TMR1HレジスタとTMR1Lレジスタの2個のレジスタを接続して構成されています。カウントトリガとなるパルスは、図の左端にあるマルチプレクサで選ぶことができます。TMR1がフルカウントになってロールオーバーして0に戻るときオーバーフロー割り込み（TMR1IF）を生成します。タイマ1にはもうひとつの割り込み要因があり、ゲート信号の終了エッジでも割り込みを生成します。

選択されたパルスはプリスケーラで分周して使うことができます。プリスケーラの分周比は1/1、1/2、1/4、1/8の4種類となっています。そのあとにクロック同期の有効／無効を選択できます。外部クロックでスリープ中にも動作させたい場合には同期を無効にします。

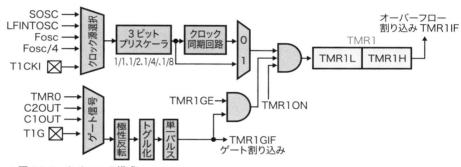

▲図5.1.4　タイマ1の構成

タイマ1をインターバルタイマとして使う場合の時間設定は、タイマ0の場合と同じように、必要なカウント数となるようにオーバーフローするごとにカウント開始値をTMR1HとTMR1Lに代入して設定[1]する必要があります。

タイマ1はこの基本機能の他に、**図5.1.4**の下側にあるゲート機能が追加されています。ゲート機能を使うと、ゲートが有効な間だけカウント動作をさせることができます。このゲート用の信号もいくつかの中から選択でき、T1Gピンからの入力パルスだけでなく、タイマ0のオーバーフロー出力（TMR0）やコンパレータの出力[2]（CxOUT）の内部信号もゲート信号として使うことができます。

そしてこれらの入力源をそのままゲート信号[3]とするか、1回だけの動作にするか、入力のエッジごとにトグルさせた信号[4]をゲートとするかを指定できます。

実際のゲート動作をタイムチャートで示すと、**図5.1.5**のようになります。

単純なゲート動作の場合が**図5.1.5(a)**で、例えばT1Gピンをゲート信号とした場合には、T1Gピンの信号がHighの間だけカウントが行われます。したがって、T1Gピンの信号のパルス幅を測定することになります。

アドバイス

※1：パルス幅の短い信号でも動作できます。

図5.1.5(b)がトグルモードの場合で、この場合にはT1Gピンの信号の立ち上がり[1]でゲートが有効となり、次の立ち上がりで無効になるということを繰り返します。したがって、この場合にはT1Gピンの信号の1周期間だけカウントをすることになりますから周期を測定することになります。

(a) 単純なゲートの場合

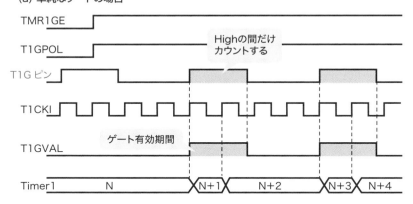

(b) トグルモードのゲートの場合

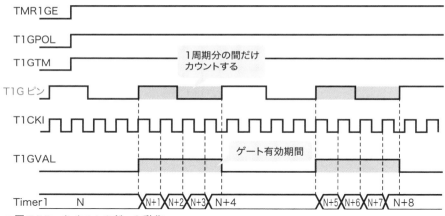

▲図5.1.5　タイマ1のゲート動作
（PIC16F18313・データシートより）

タイマ1のMCCの設定は図5.1.6の画面で行います。［Clock Source］（クロック源）を選択したあと、Periodが期待値以上になるように［Prescaler］を選択します。プリスケーラ値が小さいですからあまり長い時間は設定できません。

ゲート機能が必要な場合には（［Enable Gate］でゲートの設定）、ゲート信号源の選択とトグルか1回かの選択[2]をします。タイマ1の割り込みは2種類を指定できますが、Callback Function Rateは一つだけとなっています。

アドバイス

※2：トグルか1回かの選択で、どちらも選択しなければ、単純ゲートとなります。

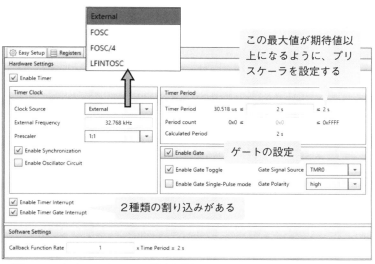

▲図 5.1.6　タイマ 1 の MCC の設定画面

　　これで自動生成されるタイマ 1 用の関数で実際に使うものは**表5.1.2**のようになります。

▼表 5.1.2　タイマ 1 用制御関数

関数名	書式と使い方
TMR1_StartTime TMR1_StopTimer	《機能》タイマ 1 の動作を開始／停止する 《書式》 void TMR1_StartTimer(void); 　　　　　void TMR1_StopTimer(void);
TMR1_ReadTimer	《機能》タイマ 1 の現在のカウント値を取得する 《書式》 uint16_t TMR1_ReadTimer(void); 　　　　　戻り値：16 ビットのカウント値
TMR1_WriteTimer	《機能》タイマ 1 のカウンタにカウント開始値を設定する 《書式》 　　void TMR1_WriteTimer(uint16_t timerVal); 　　　　timerVal：設定する 16 ビットの値
TMR1_SetInterruptHandler(	《機能》オーバーフロー割り込み Callback 関数の定義 《書式》 　　void TMR1_SetInterruptHandler(void (* InterruptHandler)(void)); 　　　　InterrptHndler：割り込み処理関数名
TMR1_SetGateInterrupt Handler	《機能》ゲート終了割り込み Callback 関数の定義 《書式》 　　void TMR1_SetGateInterruptHandler(void (* InterruptHandler)(void)); 　　　　InterrptHndler：割り込み処理関数名

5-1-3 タイマ2の内部構成と動作

タイマ2の内部構成は**図5.1.7**のようになっています。

タイマ2の本体は8ビットのカウンタTMR2で、入力パルスによるアップカウンタです。TMR2のパルス入力源はFosc/4の命令サイクルに決まっていて、これにプリスケーラが接続されて最大64分周まで分周することができます。このTMR2にコンパレータが接続されていて、常時周期レジスタPR2と比較されています。そしてこの両者の値が一致するとタイマ2一致出力として出力され、同時にTMR2が0にクリアされます。これで、**図5.1.7**の下側のようにTMR2は0からカウントを再開することになります。さらに再度PR2と同じ値までカウントするとまた0にもどされます。こうして一定間隔でタイマ2一致出力が出力されることになります。しかもこの間、ハードウェアだけで動作していますので、正確な一定間隔となります。

このタイマ2一致出力にはポストスケーラと呼ばれる分周器が接続されており、設定された回数の一致出力が出力されると、はじめて実際の割り込み要因となるTMR2IFビットがセットされます。

タイマ2はこのようなタイマとしての動作以外に、PWMモジュールの周期[1]を決めるタイマとしても使われます。

用語解説

・コンパレータ
この場合はデジタル値の比較器。

アドバイス

※1:CCPモジュール、PWMモジュールいずれのPWMにも使われます。

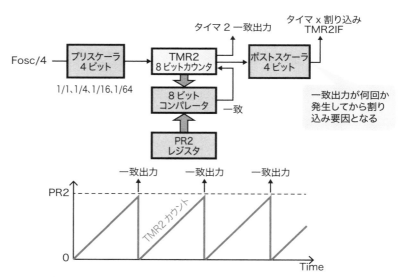

▲ 図5.1.7　基本構成のタイマ2/4/6/8/10の内部構成

タイマ2のMCCによる設定は、**図5.1.8**のような画面で行います。クロックは決まっていますから[Postscaler]と[Prescaler]だけの設定で時間範囲を決め、右側の周期時間で実際の周期を設定します。割り込みを使う場合には、[Enable Timer Interrupt]にチェックを入れ、[Callback Function Rate]で通常は1を入力して毎回の周期ごとに割り込みを生成するようにしますが、

Periodだけで設定できない長時間のタイマにする場合は、この数値を大きくすることでPeriodの整数倍の周期で割り込み処理関数を呼び出すように設定できます。

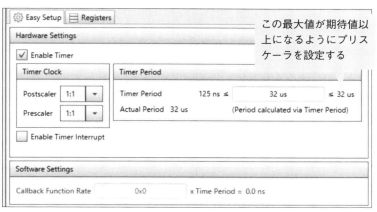

▲図 5.1.8　タイマ 2 の MCC 設定画面

　これで自動生成されるタイマ2用の関数で実際に使うものは**表5.1.3**のようになります。

▼表 5.1.3　タイマ 2 用制御関数

関数名	書式と使い方
TMR2_StartTimer TMR2_StopTimer	《機能》タイマ 2 の動作を開始 / 停止する 《書式》void TMR2_StartTimer(void); 　　　　void TMR2_StopTimer(void);
TMR2_Counter8BitGet TMR2_ReadTimer	《機能》タイマ 2 の現在のカウント値を取得する 《書式》uint8_t TMR2_Counter8BitGet(void); 　　　　uint8_t TMR2_ReadTimer(void); 　　　　　　戻り値：8 ビットのカウント値
TMR2_Counter8BitSet TMR1_WriteTimer	《機能》タイマ 2 のカウンタにカウント開始値を設定する 《書式》void TMR2_Counter8BitSet(uint8_t timerVal); 　　　　void TMR2_WriteTimer(uint8_t timerVal); 　　　　　　timerVal：設定する 8 ビットの値
TMR2_SetInterruptHandler	《機能》割り込み処理関数の定義 《書式》 　void TMR2_SetInterruptHandler(void (* InterruptHandler)(void)); 　　　　InterruptHandler：割り込み処理関数名

5-2 周波数カウンタの構成と機能仕様

用語解説

・リアルタイムクロック
（RTC）モジュール
本来は時計用のIC
だが、ここでは高精度
の発振器として使用。

アドバイス

・**周波数カウンタ**
〔用途〕
・クロックの周波数
測定
・ラジオの周波数
測定
・発振器の周波数
測定

タイマと割り込みの使用例として、**写真5.2.1**のような周波数カウンタを製作します。中央にあるのがリアルタイムクロックモジュールです。この製作例では、オペアンプに高性能な表面実装パッケージのものをDIP変換基板に実装したものを使っています。

ちょうど700kHzの信号を入力したところで、40Hz程度少ない値になっていますが、これで0.006%程度の精度ですからブレッドボード作品としては十分な精度かと思います。

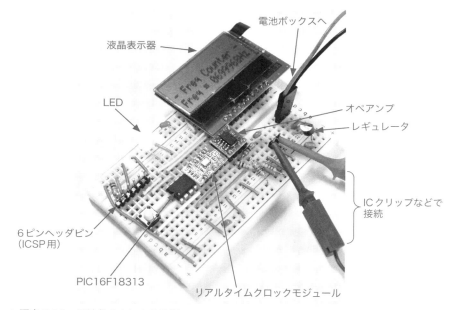

液晶表示器
電池ボックスへ
LED
オペアンプ
レギュレータ
ICクリップなどで
接続
6ピンヘッダピン
（ICSP用）
PIC16F18313
リアルタイムクロックモジュール

▲写真 5.2.1　周波数カウンタの外観

▶▶ 5-2-1 | 周波数カウンタの機能と仕様

用語解説

・ppm
Parts Per Million
100万分の1の単位
1ppm ＝ 0.0001%

製作する**周波数カウンタ**は、**表5.2.1**のような機能仕様とすることにします。周波数測定精度を確保するため市販の**リアルタイムクロック（RTC）モジュール**を使います。このRTCは周波数精度が3.4ppmという高精度の一定周波数を出力できます。表示器には I²C インターフェースの液晶表示器を使うことにします。製作はブレッドボードで行います。

▼表 5.2.1　周波数カウンタの機能仕様

項目	機能仕様
電源用バッテリ	単 3 アルカリ電池　3 本直列 レギュレータで 3.3V 生成
時間基準	リアルタイムクロックモジュール 　RX8900UA　出力 32.768kHz 　周波数精度 ± 3.4ppm
測定周波数範囲	1Hz 〜 5MHz
測定精度	± 0.01%
入力感度	± 0.3V_{pp} 〜± 3V_{pp}
表示内容	周波数 7 桁　Hz 単位
LED（抵抗内蔵）	計測の都度点滅
リセット	リセットスイッチによる

　上記仕様を満足する全体構成を**図5.2.1**のようにしました。

　電源には液晶表示器に3.3Vが必要ですので、アルカリ電池3本のバッテリに、小型の3端子レギュレータを接続して3.3Vとし、全体を3.3V動作としています。

　液晶表示器はI²C接続で他の製作例と同じように、RA0ピンとRA1ピンを使って接続しました。このピンはICSPで書き込み用にも使いますから、書き込み後プログラマを外してからリセットスイッチを押さないと液晶表示器が動作しません。

　被測定対象の信号を増幅するため、オペアンプで10倍のゲインの交流アンプを追加しています。これで0.3V_{pp}の振幅の信号までカウントできます。周波数カウンタの上限周波数はこのオペアンプの周波数特性でほぼ決まりますので、周波数の特性[1]のよいオペアンプを使う必要があります。

　リアルタイムクロック（RTC）モジュールのパルス出力を直接RA5ピンに入力し、これをタイマ0の外部クロックとしています。

用語解説

・ICSP
　In Circuit Serial Programming
　PIC を基板等に実装したままの状態で、内蔵メモリにプログラムを書き込む方法のことをいう。

アドバイス

※1：ゲインバンド幅積（GBWP）が、50 MHz 以上が望ましいです。

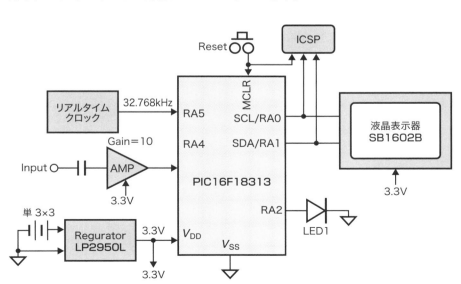

▲図 5.2.1　周波数カウンタの全体構成

この構成でPICマイコンの内蔵モジュールを**図5.2.2**のように組み合わせて周波数カウンタを構成します。

まずタイマ0をリアルタイムクロックを外部入力とする8ビットタイマモードで使います。プリスケーラを1/128としTMR1Hを0のままとすれば、ちょうど32768[1]カウントを繰り返すことになります。これでRTCからの32.768kHzのパルスから1秒周期のオーバーフローパルス[2]を連続で生成できます。この1秒パルスをタイマ1のゲート信号として使います。タイマ1ではゲートをトグルモードとすれば、この1秒周期の短いオーバーフロー信号で1秒間High、1秒間Lowのゲート信号を生成できます。これで1秒間だけカウント動作することを繰り返すようにできます。

タイマ1も外部クロック動作と設定し、オペアンプからの被測定パルスでカウントするようにします。高い周波数の場合は途中でタイマ1がオーバーフローしますから、その割り込みで周波数カウンタに65536[3]を加算すれば1秒間の全体のカウントとなります。

ゲート完了割り込みが2秒周期で発生することになりますから、このタイミングでカウント値を測定結果の周波数として液晶表示器に表示します。

これで周波数カウンタとして動作することになります。

※1：32768は、2の15乗に相当します。

※2：このパルスは非常に短い時間のパルスです。

※3：65536は、2の16乗に相当する値で、タイマ1のフルカウント値になります。

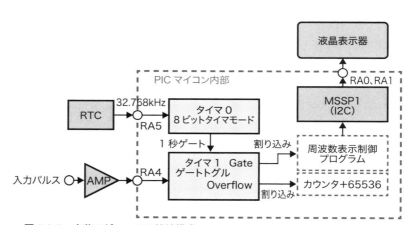

▲ 図 5.2.2　内蔵モジュールの接続構成

5-3 周波数カウンタのハードウェアの製作

図5.2.1の全体構成に基づいてハードウェアを組み立てます。その前にリアルタイムクロック（RTC）モジュールとオペアンプの使い方を説明します。

▶ 5-3-1 リアルタイムクロックモジュールの使い方

📖 **用語解説** ▶

・DIP

〔読み方：ディップ〕

長方形のパッケージの両側に、入出力用のピンを配置したもの。

周波数カウンタの精度は、入力のゲート信号となる1秒のパルス幅の精度ですべて決まります。多くの場合、正確な1秒パルスを得るためには高精度のクリスタル発振器を使いますが、本書ではリアルタイムクロックICを利用します。今回使用したのは、SEIKO EPSON製のRX8900というICです。

このICは周波数精度が±3.4ppmというすばらしく高精度の発振器となっています。実際に使ったICは表面実装タイプですが、これをDIP基板に変換した図5.3.1のようなモジュールを使っています。

RX8900CE UA DIP化〔秋月電子通商製〕

電源 ：DC2.5V〜5V（0.7μA）
バッテリバックアップ可能

外部接続IF：I²C

周波数精度：3.4ppm

パルス出力：32.768kHz
（FOEピンをHighで有効）

年月日時分秒：BCD形式

アラーム機能：割り込み出力あり

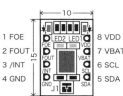

NO	記号	機能
1	FOE	FOUT 有効化
2	FOUT	32.768kHz 出力
3	INT	
4	GND	GND
5	SDA	
6	SCL	
7	VBAT	
8	VDD	電源 3.3V

1 FOE — 8 VDD
2 FOUT — 7 VBAT
3 /INT — 6 SCL
4 GND — 5 SDA

▲ 図 5.3.1　RX8900 の DIP 化基板
（写真、図、表：秋月電子通商の web サイトより）

このモジュールは電源とGNDを接続し、FOEピンを電源に接続するだけで±3.4ppmの精度の32.768kHzのパルスをFOUTピンに出力してくれます。本来はI²C通信でマイコンなどと接続して時刻値を読み出したり設定したりできるのですが、今回は単なる発振器として使いますので残りのピンは使いません。

▶ 5-3-2 オペアンプの使い方

被測定パルスを0.3Vの振幅レベルからカウントできるようにするためには、電圧増幅する必要があります。このためオペアンプを交流アンプとして使います。このアンプは、電源が3.3Vしかありませんから単電源の交流アンプとする必要があります。

さらにこのアンプは周波数特性が重要ですが、周波数特性はアンプ自身の周波数特性でほぼ決まってしまいますから、この特性のよいものつまり、ゲインバンド幅積（GB積）の大きなものを選択します。またもう一つ3.3V電源で動作し、出力がフルスイングするものを選択する必要があります。特にLow側がゼロボルト付近まで出力できるものが必要です。

回路は単電源の交流アンプとして構成する基本の回路をベースにして、**図5.3.2**のような回路構成とすることにしました。

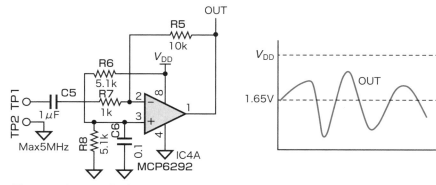

▲図 5.3.2　オペアンプ回路

オペアンプの＋端子を3.3Vの半分の約1.65Vとして、出力がこの1.65Vを中心にして振れるようにします。さらに－端子には入力信号をコンデンサで直流分をカットして交流成分のみとして入力します。これで交流アンプとして動作することになります。電源（V_{DD}）は3.3Vのみとします。

ここで抵抗値の決め方ですが、R5／R7でゲインが決まりますから、この回路では約10倍となります。これで入力電圧が0.3Vでも動作するようになります。しかし、これにより周波数特性はGB積の1／10となってしまいます。

このように周波数特性とゲインはトレードオフの関係になりますから、どちらを優先するかを決める必要があります。

本書で使用したMCP6292はDIPタイプのものから選択したのですが、GB積が10MHzです。したがって、ゲインが保たれるのは1MHzまでということになりますが、5MHzまではぎりぎり動作しました。

代替品としてOPA2353UAが使えます。こちらはGB積が44MHzでより高性能ですから、測定範囲も7MHzまで拡大しました。ただしこのオペアンプは市販されているのがSOICパッケージですので、DIP化変換基板に実装して使う必要があります。

▶ 5-3-3 | 回路設計と組み立て

まず回路設計です。図5.2.1の全体構成をもとに作成した回路図が図5.3.3となります。電源は使いまわしの単3アルカリ3本直列のバッテリとし、3端子レギュレータで3.3Vを生成しすべてをこの3.3Vで動作させています。

液晶表示器は他の製作例と同じようにRA0ピンとRA1ピンに接続し、リセットピンも含めてやや大きめの10kΩの抵抗でプルアップしています。

オペアンプの回路は図5.3.2のとおりとなっています。2回路の内、余った方は両方の入力をGNDに接続して影響を与えないようにしています。

リアルタイムクロック（RTC）モジュールは、電源とGND（V_{SS}）を接続し、CLKOE（FOE）ピンを電源に接続します。これでパルス出力が有効になりますから、パルス出力ピン（CLKOUT（FOUT））をPICのRA5ピンに直接接続しています。

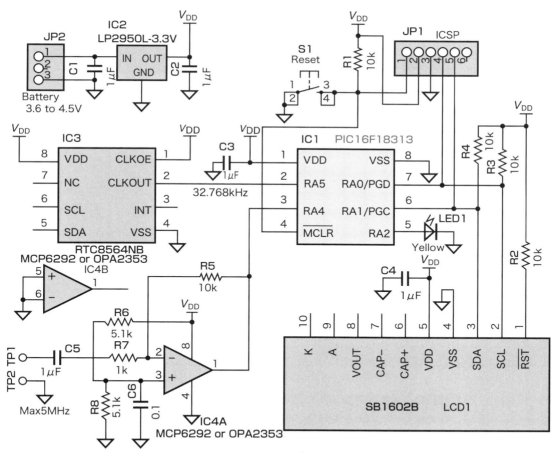

▲ 図5.3.3 周波数カウンタの回路図

この回路の組み立てに必要な部品は表5.3.1となります。液晶表示器以外はすべて秋月電子通商から購入できます。

　ブレッドボードには小さめのものを使いました。本書ではすべての製作例で、この小型サイズのブレッドボードを使っています。

　抵抗はちょっと大きめの1/4Wサイズがブレッドボードには使いやすいと思います。ヘッダピンには両端ロングピンのタイプを使うことで、ブレッドボード側にも確実に挿入できます。

▼表 5.3.1　部品表

型番	種別	名称、パーツ記号	数量	入手先
IC1	マイコン	PIC16F18313-I/SP	1	秋月電子通商
IC2	レギュレータ	LP2950L-3.3V	1	
IC4	オペアンプ（いずれか）	OPA2353UA	1	マイクロチップテクノロジ
		MCP6292-E/SP	1	
IC3	リアルタイムクロックモジュール	RTC8564NB	1	秋月電子通商
LED1	抵抗内蔵 LED	OSY5LU5B64A-5V	1	秋月電子通商
LCD1	液晶表示器	SB1602B　I2C 低電圧キャラクタ	1	ストロベリーリナックス
S1	タクトスイッチ	小型基板用　黄色	1	秋月電子通商
R1,R2,R3,R4,R5	抵抗	10kΩ　1/4W	5	
R6,R8	抵抗	5.1kΩ　1/4W	2	
R7	抵抗	1kΩ　1/4W	1	
C1,C2,C3,C4,C5	コンデンサ	1uF 16/25V　積層セラミック	5	
C6	コンデンサ	0.1uF　25/50V　積層セラミック	1	
JP1	ヘッダピン	6 ピン　両端ロングピン	1	
JP2	ヘッダピン	3 ピン　両端ロングピン	1	
TP1,TP2	ヘッダピン	2 ピン　両端ロングピン	1	
ブレッドボード		EIC-801	1	
		ブレッドボード用ジャンパワイヤ	1	
電池ボックス		単3　3本用　リード線	1	
		3 ピン　コネクタ用ハウジング	1	
		ケーブル用コネクタ	2	
バッテリ		単3　アルカリ電池	3	
DIP 変換基板		SOP8（1.27mm）	1	
ヘッダピン		4 ピン（細ピンタイプ）	2	

■ IC4（オペアンプ）の取り付け方

　OPA2353UA を使う場合は、DIP 変換基板を別途購入し、はんだ付けしてください。図5.3.4のようにDIP変換基板にはんだ付けし、さらに4ピンのヘッダピンをはんだ付けしてからブレッドボードに取り付けます。

▲図 5.3.4

部品が揃ったらブレッドボードで組み立てます。組立図が**図5.3.5**となります。液晶表示器を取り外した状態の図となっていて、液晶表示器の下に抵抗などを実装しています。

注意

3端子レギュレータを取り付ける際、向きに注意してください。

なお、ブレッドボードに差し込む際足を曲げますが、無理に広げないでゆっくり広げて差し込んでください。

3端子レギュレータは図のように、出力、GND、入力の順のピン配置になっていますから、間違いがないように実装してください。ブレッドボードの上端と下端の青と赤の横ラインはGNDと電源に使っていますので、上と下を連結する必要がありますので、こちらも忘れないようにしてください。特にGNDはスイッチS1とJP1を経由して連結しています。

3個のICの間が込み合っていますが、間違いがないように配線してください。特にオペアンプの周りが込み合っていますので要注意です。

IC4のオペアンプは、この図ではOPA2353となっています。DIP変換基板に実装したものを使いました。

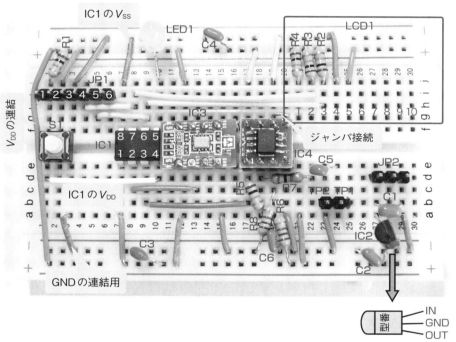

▲図5.3.5　組立図

注意

JP2に電池ボックスを接続する際、向きを間違えないようにしてください。

電源の電池は第3章の「3-2 LEDボードのハードウェア製作」で製作した電池ボックスを使いまわしています。これをJP2の3ピンのヘッダピンに接続します。挿入する際向きを間違えないようにしてください。逆向きに接続するとレギュレータが壊れます。

以上で組み立ては完了です。次はプログラムの製作です。

5-4 周波数カウンタのプログラムの製作

▶ 5-4-1 | MCC の設定

ハードウェアが完成したら次はプログラムの製作です。この周波数カウンタのプログラムはつぎのような機能として製作することにします。

・タイマ1のゲート終了割り込みの2秒周期でカウント値を表示する。
・この計測ごとにLED1を点灯する。

・Freq
Frequency＝「周波数」

計測結果の液晶表示器の表示フォーマットは**図5.4.1**のようにすることとします。1行目は表題とし、2行目に周波数を7桁のHz単位で表示することにします。これで液晶表示器の16文字2行にピッタリで納まります。

```
– Freq Counter –
Freq = 0000000Hz
```

▲ 図 5.4.1　液晶表示器の表示フォーマット

参照
→ 第2章参照
MPLAB Code
Configurator

このプログラムをMCCで製作していきます。

まずMPLAB X IDEを起動してプロジェクトを作成します。プロジェクト名は「FCounter」、フォルダを「D:¥PIC16¥FCounter」とします。プロジェクトの作成からSystem Moduleの設定までの手順は第2章を参照してください。

アドバイス

ここではDドライブとしましたが、ドライブは読者がお使いのものに変更してください。

MCCを起動しSystem Moduleの設定が完了したら、まずタイマ0の設定をします。ここでは①タイマ0を8ビットタイマモードとし（［Timer mode］）、②外部クロックを使う設定とします（［Clock Source］を設定）。さらに［External Frequency］を「32.768kHz」と入力します。③［Clock Prescaler］で「1：128」を選択します。これで右側のPeriodの最大値は1秒になりますから、④設定は「1s」と入力して最大の1秒とします。これで、RTCの32.768kHzから1秒周期のオーバーフローパルスが生成されます。

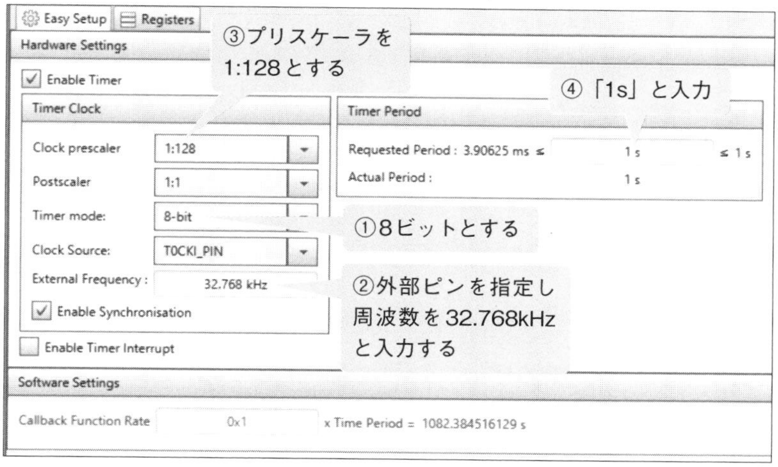

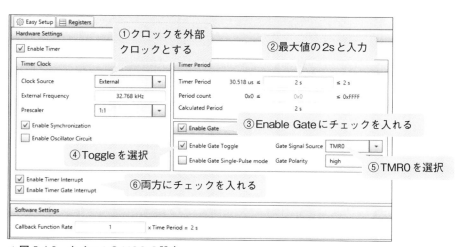

▲図 5.4.2　タイマ 0 の MCC の設定

　次はタイマ1の設定で、図5.4.3のようにします。まず①で［Clock Source］
を「External」とします。次に②で［Timer Period］を最大値の「2s」と入力
します。次に③［Enable Gate］にチェックを入れてゲート機能を有効にし、
④［Enable Gate Toggle］にチェックを入れて、⑤［Gate Single Source］で
「TMR0」をゲート信号として選択します。さらに⑥でTimer Interrupt
（Overflow）とGate Interruptの両方の割り込みを有効とします（［Enable
Timer Interrupt］［Enable Timer Gate Interrupt］の両方にチェック）。
　これで周波数カウンタとして動作することになります。

▲図 5.4.3　タイマ 1 の MCC の設定

次は液晶表示器を動かすためのI^2Cの設定です。このPICマイコンでは
MSSP1モジュールがI^2Cモジュールとして使えますから、第4章の「4-1 I^2C通
信とI^2Cモジュールの使い方」で説明したように、図5.4.4のように設定します。
これでI^2Cマスタとして動作します。

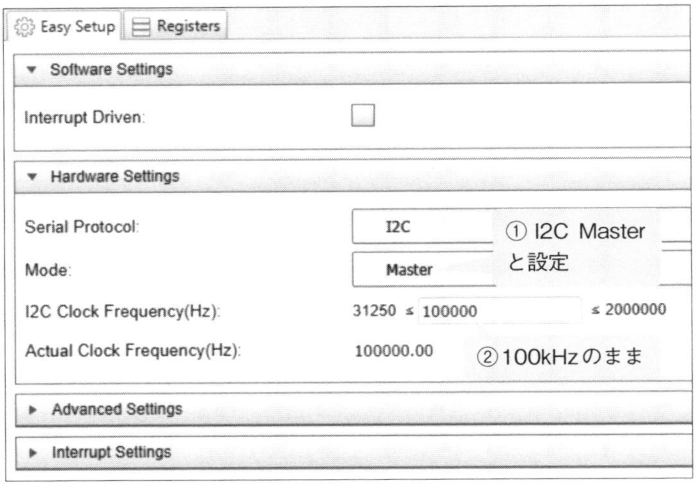

▲ 図5.4.4　MSSP1のMCCの設定

次に入出力ピンの設定をします。設定は回路図に合わせて図5.4.5のようにし
ます。特にタイマ0とタイマ1は両方ともクロックを外部入力としていますので
忘れないようにします。

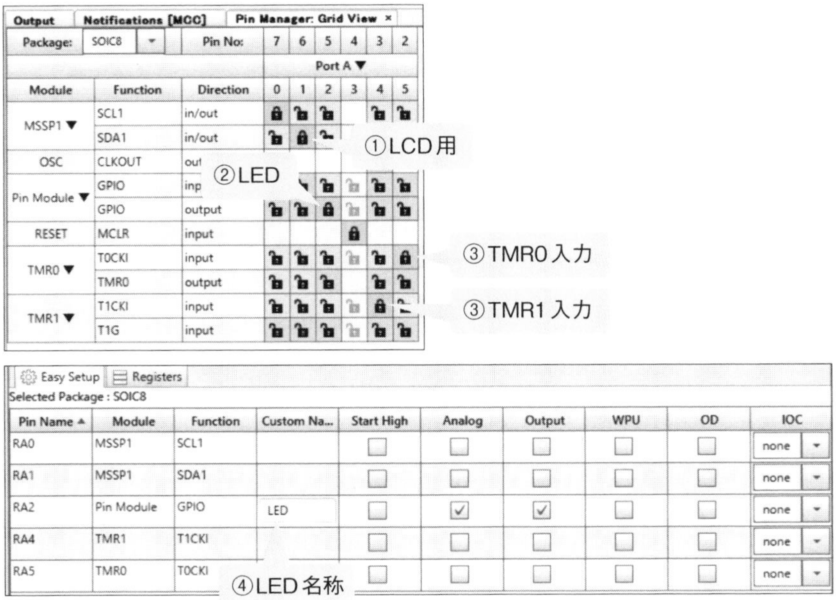

▲ 図5.4.5　入出力ピンのMCCの設定

以上でMCCの設定は完了ですから、〔Generate〕ボタンをクリックしてコードを生成します。

生成が完了したら液晶表示器のライブラリをプロジェクトに追加登録します。まず、次の2つのファイルlcd_lib2.hとlcd_lib2.cを入手して、プロジェクトフォルダ（D:¥PIC16¥FCounter¥Fcounter.X）にコピーします。その後、第4章の「4-4-2 液晶表示器の制御方法」の手順に従ってプロジェクトにファイルを登録します。

これですべての準備が完了しました。次はmain.cにプログラムを追加記述していきます。

▶▶ 5-4-2 | 周波数カウンタのプログラム製作

自動生成された関数と液晶表示器ライブラリの関数を使って、周波数カウンタのプログラム本体をmain.cの中に記述します。main.cの最初には長文のコメントがありますので、ここは削除してしまって書き換えます。

周波数カウンタのプログラムは図5.4.6のようなフローで作成します。大きくメイン関数とタイマ1のオーバーフローとタイマ1ゲート終了の割り込み処理関数とで構成しています。

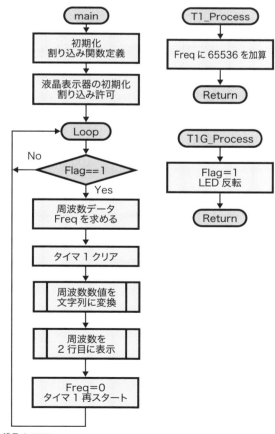

▲図5.4.6　プログラムフロー

タイマ1のゲート終了割り込み処理関数（T1G_Process）では、Flag変数をセットしているだけです。これをメイン関数でチェックしていて、Flagがセットされるごと、つまり2秒ごとに実行を繰り返します。またタイマ1のオーバーフロー割り込み処理関数では、周波数カウント変数のFreqに65536を加算しているだけです。

メイン関数では、2秒ごとにFreqにタイマ1の現在値を加算して周波数を求め、タイマ1を0クリアしています。続けて求めた周波数数値を文字列に変換して表示バッファに格納します。さらにそのバッファを液晶表示器に出力して表示しています。最後にFreq変数を0クリアし、タイマ1のカウントを再開して次の周期に入ります。

このフローに従って作成したプログラムの宣言部とタイマ1の割り込み処理関数部が**リスト5.4.1**となります。宣言部で液晶表示器の表示用バッファを1行分用意しています。この中に周波数データを文字に変換して格納します。

参考

プログラムは、技術評論社・書籍案内「改訂新版 8ピン PIC マイコンの使い方がよくわかる本」の『本書のサポートページ』よりダウンロードできます。（p.2 の「プログラムリストのダウンロード」参照）

リスト5.4.1　宣言部とタイマ 1 割り込み処理関数部

```
/**********************************
 *  タイマ使用例　周波数カウンタ
 *    T0 + T1 + I2C + RTC
 *  RTC の 32.768kHz から T0 で 2sec にし
 *  T1 のゲートに接続
 *  T1 ゲートと T1 オーバーフロー割り込み
 **********************************/
#include "mcc_generated_files/mcc.h"
#include "lcd_lib2.h"
uint8_t Flag;
uint32_t Freq;
char Msg[] = "Freq = xxxxxxxHz";    // 表示用バッファ
// 関数プロト
void ltostring(char digit, uint32_t data, char *buffer);
/**********************
 * Timer1 割り込み
 **********************/
void T1_Process(void){
    Freq += 65536;              // カウントオーバー
}
/**********************
 * T1G 割り込み
 **********************/
void T1G_Process(void){
    Flag = 1;
    LED_Toggle();               // 2 秒周期割り込み
}
```

　次がメイン関数本体部で**リスト5.4.2**となります。最初の初期化部ではシステ
ム初期化のあと、タイマ1のオーバーフローとゲート終了の2つの割り込み
Callback関数を定義しています。

　続いて液晶表示器の初期化をし、1行目に見出しを表示した後、割り込みを
許可してメインループに入ります。

　メインループではFlagがセットされていれば処理を実行しますが、セットさ
れていなければ何もしません。処理では、まずタイマ1に残っている値をFreq
に加算して実際の周波数合計値を求めます。そして不要になったタイマ1は0
クリアします。続いて周波数の数値を7桁の文字列に変換して表示バッファに
格納します。ここでは処理専用のサブ関数を用意しています。

　sprintf関数を使うこともできますが、大量のメモリを消費してしまいますの
で、最少のメモリ容量でできるようにしています。

　その後液晶表示器の2行目に周波数を表示して終わりですから、周波数カウ
ント変数のFreqを0クリア後、タイマ1のカウントを再開して最初に戻ってい
ます。

リスト5.4.2　メイン関数部

```
/***** メイン関数 *************/
void main(void)
{
    SYSTEM_Initialize();                        // システム初期化
    TMR1_WriteTimer(0);                         // タイマ1クリア
    // カウントオーバー割り込み関数定義
    TMR1_SetInterruptHandler(T1_Process);
    // 2秒周期オーバーフロー割り込み関数定義
    TMR1_SetGateInterruptHandler(T1G_Process);
    // 液晶初期化
    lcd_init();                                 // LCD初期化
    lcd_clear();
    lcd_str("- Freq Counter -");                // 見出し表示
    // 割り込み許可
    INTERRUPT_GlobalInterruptEnable();
    INTERRUPT_PeripheralInterruptEnable();
    /****** メインループ ************/
    while (1)
    {
        if(Flag == 1){                          // 2sec ごと
            Flag = 0;
            Freq += (uint32_t)(TMR1_ReadTimer());   // 周波数合計
            TMR1_WriteTimer(0);                 // TMR1 リセット
            ltostring(7, Freq, Msg + 7);        // 文字変換しバッファに格納
            lcd_cmd(0xC0);                      // 2行目指定
            lcd_str(Msg);                       // 表示実行
            Freq = 0;                           // 周波数カウンタクリア
            TMR1_StartTimer();                  // 再開始
        }
```

```
        }
    }
}
```

最後が数値を文字列に変換するサブ関数で**リスト5.4.3**となります。

この関数では単純に数値を10単位で割り算した余りに文字の0を加えて数値を文字に変換しています。そしてその文字を指定されたバッファポインタの場所に順に格納しています。これを桁数だけ繰り返しています。

リスト5.4.3 文字列変換関数

```
/*************************************
 * 整数から ASCII 文字に変換
 *************************************/
void ltostring(char digit, uint32_t data, char *buffer){
    char i;

    buffer += digit;                    // 最後の数字位置
    for(i=digit; i>0; i--) {            // 変換は下位から上位へ
        buffer--;                       // ポインター1
        *buffer = (data % 10) + '0';    // ASCII へ
        data = data / 10;               // 次の桁へ
    }
}
```

以上で周波数カウンタのプログラムのすべてが完了です。

▶ 5-4-3 | プログラム動作確認

以上でプログラムも完成しましたから、PICマイコンに書き込みます。書き込み手順は第2章の「2-5 コンパイルと書き込み実行」を参照してください。

書き込みが完了すればすぐ動作を開始しますが、液晶表示器はプログラマと共用のピンになっているため動作しません。まずプログラマをブレッドボードから抜き取り、リセットスイッチを押します。これで開始メッセージが表示され、2秒後に液晶表示器にゼロの周波数の表示がでれば動作しています。

入力に何らかのパルスを入力すれば周波数として表示するはずです。実際に動作させた結果では5MHzまでは正確に動作しました。オペアンプをより高性能のものにすればもう少し高い周波数までカウントすると思います。

第**6**章

シリアル通信と
EUSARTモジュール
の使い方

　本章では、シリアル通信として最もよく使われている調歩
同期式通信の基本と、内蔵の EUSART モジュールの使い方
を説明します。製作例として、GSP モジュールを接続して液
晶表示器に緯度、経度を表示させます。

6-1 シリアル通信と EUSART モジュールの使い方

用語解説

・EUSART
　従来の USART の Enhanced 版。ブレーク信号の送受信とボーレートの自動検出が可能となっている。

用語解説

・EIA
　Electronic Industries Association
　米国電子工業会の通信規格。EIA232 はパソコンに標準で搭載されるなど、最も広く使われているシリアル通信規格。

　EUSART（Enhanced Universal Synchronous Asynchronous Receiver Transmitter）は、古くから使われている基本のシリアル通信方式をサポートするモジュールです。汎用のシリアル通信機能で、パーソナルコンピュータやほかの機器と RS232C（EIA232-D/E）という規格のシリアル通信でデータ通信を行うことができます。

　名前の通り全二重の非同期式通信（調歩同期式とも呼ばれる）と、**半二重**の同期式通信に対応していて便利に使えます。しかし同期式通信は、比較的簡単な周辺デバイスとのデータ通信用として設計されているので、伝送制御手順を含むようなハイレベルの同期式通信に使うには無理があります。このため、ほとんど使われませんので、ここでは**非同期通信方式**に限定して説明します。

6-1-1　調歩同期通信方式（非同期通信方式）とは

用語解説

・半二重
　送信と受信を交互に行う方式。

用語解説

・伝送制御手順
　互いに決まった手順で、誤りチェックや再送なども含めて送受信する方式。

用語解説

・ボーレート
　通信速度のこと。bps（bit pers second）とも表される。

　調歩同期式の基本のデータ転送はバイト単位で行われ、**図6.1.1**のフォーマットで1ビットずつが順番に1対の通信線で送受信されます。通常は送信と受信が独立になっていて、2対の線で接続されます。送受信の接続が独立ですから、送信と受信を同時に動かすことも可能で、この場合を**全二重**と呼び、交互に送信と受信を行う方法を**半二重**と呼びます。

　通信ラインの常時の状態は High レベルになっていて、送信を開始する側が任意の時点で1ビット分の時間だけ Low とします。この Low になったときが通信の開始を示し、これが**スタートビット**と呼ばれる通信開始を示すビットです。

　この後は、ボーレートで決まる1ビット分のパルス幅で8ビットのデータを下位ビット側から出力します。最後に1ビット分の High のパルスを出力して終了となります。この High のビットは**ストップビット**と呼ばれます。ストップビットの役割は、次のスタートビットが判別できるようにすることです。

常時 High	Start	DB0	DB1	DB2	DB3	DB4	DB5	DB6	DB7	Stop	常時 High

開始タイミングは任意

ボーレートでパルス幅が決まる

パリティを使う場合にはこのビットをパリティとする

1200bps ： 833μsec
2400bps ： 417μsec
9600bps ： 104μsec
19200bps ： 52μsec

▲図 6.1.1　調歩同期式のデータフォーマット

このデータを受信する側は、常時受信ラインをチェックしていて、Lowになるのを検出します。このスタートビットを検出したら、そこからボーレートで決まるビット幅ごとにデータとして取り込みます。8ビットのデータを取り込んだ後、次のビットがストップビットであることを確認して受信終了となります。

このように、常にスタートビットから送信側と受信側が同じ時間間隔で互いに送信と受信を行いますから、スタートビットごとに毎回時間合わせが行われることになり、時間誤差が積算されることがありません。

・時間合わせ
　これを同期をとるといいます。

したがって、10ビット分の時間の誤差が許容範囲内であれば正常に通信ができることになります。この誤差の許容範囲はどれほどでしょうか。

1ビットの取り込みは通常はビットの中央で行われますので、この取り込み位置が1／3ビットつまり30％程度ずれても正常に取り込みが可能と考えられます。10ビットの最後のビットで30％のずれを許容するとすれば、時間誤差は3％の許容差ということになります。送信側と受信側で逆方向にずれている可能性がありますから、許容差は1.5％ということになります。

したがって、送信側と受信側のビット幅、つまり通信速度が±1.5％以内のずれであれば許容範囲内で問題なく通信ができるということになります。

▶ 6-1-2 | EUSART モジュールの内部構成と動作

EUSARTモジュールの内部構成は、調歩同期式の場合には**図6.1.2**のようになっています。図のように送信と受信がそれぞれ独立しているので、全二重通信が可能となっています。また従来のUSARTからEnhancedで強化されたのは、ブレーク信号の送受信が可能になったことと、ボーレートの自動検出が可能になったことです。

・USART
　古くから使われている基本のシリアル通信方式。

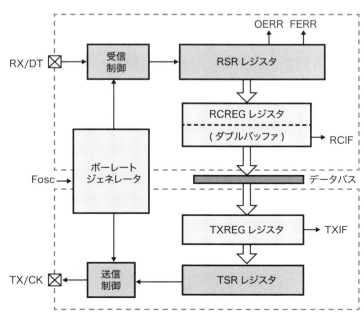

▲ 図 6.1.2　EUSART モジュールの構成

この図でEUSARTの送受信動作を説明します。

❶ 送信動作

　送信の場合には、送信状態を確認し、送信ビジーでなければ、送信するデータをTXREGレジスタに命令で書き込みます。あとは自動的にデータがTXREGレジスタからTSRレジスタに転送され、TSRレジスタから、ボーレートジェネレータからのビットクロック信号に同期してシリアルデータに変換され、スタートビットとストップビットが追加されてTXピンに順序よく出力されます。

　このレジスタ間の転送直後にTXIFビットが1となって割り込み要因となります。これで次のデータをTXREGレジスタにセットすることが可能となりますが、次のデータが実際に出力されるのは、前に送ったデータがTSRレジスタから出力完了した後となります。

❷ 受信動作

　受信の場合には、RXピンに入力される信号を常時監視してLowになるスタートビットを待ちます。スタートビットを検出したら、1ビット幅の周期で、その後に続くデータを受信シフトレジスタのRSRレジスタに順に詰め込んで行きます。このときの受信サンプリング周期は、あらかじめボーレートジェネレータにセットされたボーレートに従った周期となります。

アドバイス

ジェネレータは送受信共用なので、送受信は同じ通信速度となります。

　最後のストップビットを検出したら、RSRレジスタからRCREGレジスタに転送します。この時点で、RCIFビットが1となって割り込み要因となり、受信データの準備ができたことを知らせます。プログラムでは、割り込みか、このRCIFビットを監視して、1になったらRCREGレジスタからデータを読み込みます。RCREGレジスタからデータを読み出すと自動的にRCIFビットがクリアされます。

　このRCREGレジスタは2階層のダブルバッファとなっているので、データを受信直後でも連続して次のデータを受信することが可能です。つまり、3つ目のデータの受信を完了するまでにデータを取り出せば、正常に連続受信ができることになります。このダブルバッファのお陰で、受信処理の時間をかせぐことができますが、3バイト以上の連続受信のときには、ダブルバッファであっても次のデータを受信する間に処理を完了させることが必要です。

用語解説

・オーバーランエラー
バッファに入りきらなくなったときに発生。
・フレミングエラー
正常に受信できなかったときのエラー。

　ダブルバッファがいっぱいの状態で、さらに次のデータを受信するとオーバーランエラーとなり、最後のストップビットのHighが検出できなかったような場合にはフレミングエラーとなります。これらの受信エラーが発生した場合には、EUSARTモジュールを初期設定しなおす必要があります。

6-1-3 | MCC による EUSART モジュールの設定

PIC16F18313でEUSARTモジュールをMCCで使う場合、選択は図6.1.3のようにMCC画面の左下にある、[Device Resources]の窓で行います。図6.1.3の①で、[EUSART]をダブルクリックすると②のように[Project Resources]欄の[Peripherals]に追加されて、右側が設定窓になります。

ここでは次のように設定します。③（[Baud Rate]）で通信速度を選択し、次に④で「TXピン」と「RXピン」を回路図に合わせて指定します。これでピン割り付けをしたことになります。これだけの設定でEUSARTモジュールを調歩同期式で使うことができます。

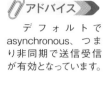
アドバイス

デフォルトで asynchronous、つまり非同期で送信受信が有効となっています。

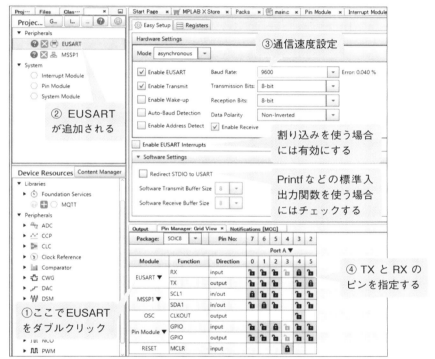

▲図 6.1.3　EUSART モジュールの設定

これで設定が完了し〔Generate〕ボタンをクリックしてソースコードを生成します。これによりEUSARTに関する制御関数がeusart.cとして自動生成されます。この中にEUSARTの制御関数としては多くの関数が生成されますが、実際に使う関数はわずかで表6.1.1のようになります。

▼表 6.1.1　自動生成される EUSART 用関数

関数名	書式と使い方
EUSART_Read	《機能》受信したバッファ内のデータを返す。 　　　　バッファが空の場合は受信できるまで待つ。 《書式》unit8_t EUSART_Read(void) 《使用例》rcv = EUSART_Read();
EUSART_Write	《機能》EUSART に 1 バイト送信する。送信中の場合に 　　　　は送信バッファに格納する。送信バッファのデー 　　　　タがなくなるまで送信を繰り返す。 《書式》void EUSART_Write(uint8_t txData); 《使用例》EUSART_Write('A');
EUSART_is_tx_readt	《機能》送信レディーを返す。 《書式》bool EUSART_is_tx_ready(void); 　　　　　　戻り値：レディーなら 1、ビジーなら 0
EUSART_is_rx_ready	《機能》受信レディーを返す。 《書式》bool EUSART_is_rx_ready(void); 　　　　　　戻り値：受信ありなら 1　なしなら 0
EUSART_SetTxInterruptHandler	《機能》送信割り込み処理 Callback 関数の定義 《書式》 　void EUSART_SetTxInterruptHandler(void (* interruptHandler)(void)); 　　　　interruptHandler：割り込み処理関数名
EUSART_SetRxInterruptHandler	《機能》受信割り込み処理 Callback 関数の定義 《書式》 　void EUSART_SetRxInterruptHandler(void (* interruptHandler)(void)) 　　　　interruptHandler：割り込み処理関数名
getch putch	《機能》Redirect STDIO to USART にチェックを入れ 　　　　た場合に生成される C 言語の低レベル入出力関数 《書式》char getch(void); 　　　　　　void putch(char txData);

アドバイス

　これらの関数は
C90 の仕様なので、
C99 の仕様のコンパ
イラでは型定義エラー
となります。

本書では実際の製作例のいくつかで、これらの関数を実際に使っています。

6-2 GPS モニタの構成と機能仕様

シリアル通信とEUSARTモジュールの使用例として、**写真6.2.1**のような
GPSモニタを製作します。中央にあるのがGPS受信モジュールです。

液晶表示器には、時刻と緯度、経度を表示しています。表示は秒単位で更新
します。

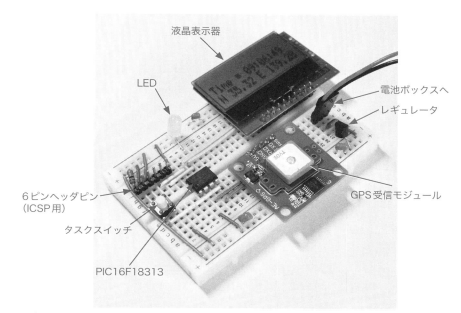

液晶表示器

LED

電池ボックスへ

レギュレータ

GPS受信モジュール

6ピンヘッダピン
（ICSP用）

タスクスイッチ

PIC16F18313

▲写真 6.2.1　GPS モニタの外観

▶ 6-2-1 GPS モニタの機能と仕様

製作するGPSモニタは**表6.2.1**のような機能仕様とすることにします。高精
度のGPS受信モジュールを使いますので構成は簡単になります。表示器には他
の製作例と同じI²Cインターフェースの液晶表示器を使うことにします。製作
はブレッドボードで行います。

▼表6.2.1 GPS モニタの機能仕様

項目	機能仕様
電源用バッテリ	単3アルカリ電池　3本直列 内部でレギュレータにより 3.3V 生成
GPS モジュール	メーカ：太陽誘電 型番　：GYSFDMAXB I/F　 ：UART　9600bps 電源　：3.8V ～ 12V　40mA 　　　　（改造して 3.3V 仕様としている） 感度　：-164dBm
表示内容	I2C キャラクタ液晶表示器を使用 秒ごとに下記を表示 　現在時刻、緯度、経度
LED	目印　GPS 受信ごとに点滅
リセット	リセットスイッチによる

アドバイス

・3.3V 仕様
　GPS モジュールに内蔵している3端子レギュレータをバイパスしています。

用語解説

・ICSP
　In Circuit Serial Programming
　PIC を基板等に実装したままの状態で、内蔵メモリにプログラムを書き込む方法のことをいう。

　上記の仕様を満足する全体構成を図6.2.1のようにしました。

　電源には液晶表示器に3.3Vが必要ですので、アルカリ電池3本のバッテリに、小型の3端子レギュレータを接続して3.3Vとし、全体を3.3V動作としています。またGPSモジュールは実装されたモジュール基板内にレギュレータを内蔵していて広範囲の電圧に対応するようになっていますが、このレギュレータの入出力をジャンパしてバイパスすることで3.3V電源で動作するようにします。

　液晶表示器はI²Cですので RA0 ピンと RA1 ピンを使って接続しました。このピンはICSPで書き込み用にも使いますから、書き込み後プログラマを外してからリセットスイッチを押さないと液晶表示器が動作しません。

　GPSモジュールは単純なUART接続ですので、EUSARTモジュールで直接制御することができます。また本書ではEUSARTの受信動作のみで使っています。

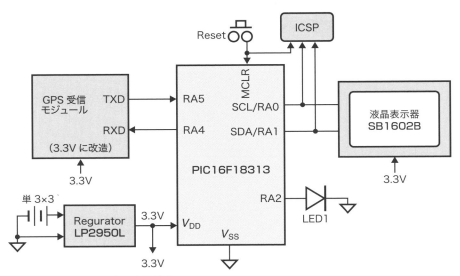

▲図6.2.1　GPS モニタの全体構成

6-3 GPS モニタのハードウェアの製作

図6.2.1の全体構成に基づいてハードウェアをブレッドボードで組み立てます。その前に本製作例で新たに使う**GPS受信モジュール**の使い方を説明します。

▶ 6-3-1 GPS 受信モジュールの使い方

GPSの受信には、専用のGPS受信モジュールを使います。使ったモジュールは**図6.3.1**のようなものです。本体は太陽誘電製の小型モジュールですが、これを使いやすくするため基板に実装したものを使います。

この基板の裏面にバックアップ用のコイン電池が実装できるようになっていますが、本書では使いません。これにより常にコールドスタートとなりますから、GPS測位開始まで電源オン後42秒以上かかります。

また、同じ基板上に電源のレギュレータが実装されていて広範囲の入力電源から3.3Vを生成しています。しかし本書では3.3V電源で使いますので、図のようにレギュレータの入力と出力ピンをジャンパで接続してバイパスさせています。これで直接3.3Vで使うことができます。

```
型番  ：GYSFDMAXB（太陽誘電製）
I/F   ：UART (9600bps)
電源  ：DC5V （3.8V～12V）
感度  ：－164dBm
        NMEA0183 V3.01準拠
消費電流：40mA
測地系 ：WGS1984
        みちびき対応
測位までの時間：42秒（コールド）
（秋月電子通商で基板化したもの）
```

No	記号	機能
1	5V	電源
2	GND	GND
3	RXD	UART 受信
4	TXD	UART 送信
5	1pps	1秒パルス

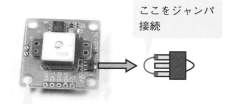

ここをジャンパ接続

裏面のバックアップ用電池は使わない

▲ 図 6.3.1 GPS 受信モジュールの外観と仕様

GPS受信モジュールからは、単純に1秒ごとに受信データが文字列で出力されます。このときのフォーマットはNMEAで決められた標準となっていて、一つのデータの基本は「$」で始まり復帰改行（<CR><LF>）で終わります。中のそれぞれの項目はカンマで区切られています。最初にデータの区別情報があり、多くのGPSモジュールで次の5種類が出力されます。

$GPRMC：基本の測位情報
$GPGGA：基本の測位情報、高度を含む
$GPGSA：衛星番号や測位精度の情報
$GPGSV：衛星情報
$GPVTG：針路、移動方向や移動速度の情報

この中で\$GPGGAの内容が一番使いやすいのでこの中身の説明をします。実際の\$GPGGAデータの内容は次のような形式になっていて、その詳細は**表6.3.1**のようになっています。

\$GPGGA,hhmmss.sss,ddmm.mmmm,N/S,dddmm.mmmm,E/W,v,ss,dd.d,hhhhh.h,M,
gggg.g,M,,0000*hh<CR><LF>

▼表 6.3.1　GPGGA データの受信内容

項目	内容	例
hhmmss.sss	協定世界時（UTC）での時刻。日本標準時は協定世界時より9時間進んでいる。	093521.356 UTC 時刻 9 時 35 分 21 秒 356 日本時刻 18 時 35 分 21 秒 356
ddmm.mmmm	緯度　dd 度 mm.mmmm 分 分は 60 進数なので Google などには 度＋（分÷60）として 10 進数にする	3532.2733 緯度　35 度 32.2733 分 10 進　35.53789 度
N/S	N：北緯　か　S：南緯	
dddmm.mmmm	経度　ddd 度 mm.mmmm 分 分は 60 進数なので Google などには 度＋（分÷60）として 10 進数にする	13928.211 経度　129 度 28.2115 分 10 進　129.47019 度
E/W	E：東経　か　W：西経か	
v	位置特定の品質 0= 特定不可　1= 標準測位　2=GPS モード	
ss	受信できている衛星数	8 個以上だと高精度な測位可能
dd.d	水平精度低下率	
hhhhh.h	アンテナの海抜高さ	
M	単位メートル	
gggg.g	ジオイド高さ	
M	単位メートル	
空欄	DGPS 関連（不使用）	
0000	差動基準地点 ID	
*hh	チェックサム	
<CR><LF>	終わり	

▶ 6-3-2 ｜ 回路設計と組み立て

　まず回路設計です。**図6.2.1**の全体構成をもとに作成した回路図が**図6.3.2**となります。電源は使いまわしの単3アルカリ3本直列のバッテリとし、3端子レギュレータで3.3Vを生成し、すべてをこの3.3Vで動作させています。

　液晶表示器は他の製作例と同じようにRA0ピンとRA1ピンに接続し、リセットピンも含めてやや大きめの10kΩの抵抗でプルアップしています。

　GPS受信モジュールはTXとRXだけの接続ですので、RA4ピンとRA5ピンに接続しています。今回の製作例では受信だけしか使っていませんのでTXピンだけを使います。あとは動作目印用に抵抗内蔵型のLEDを1個追加しています。

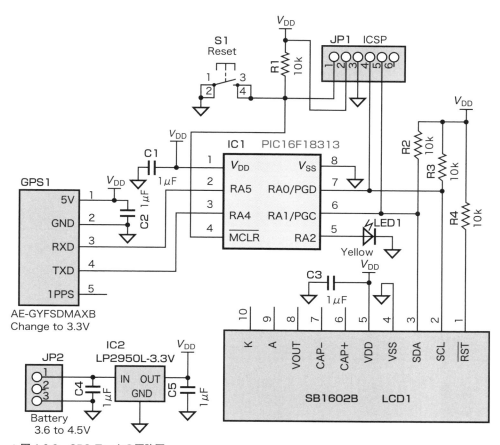

▲図 6.3.2　GPS モニタの回路図

　この回路の組み立てに必要な部品は**表6.3.2**となります。液晶表示器以外はす
べて秋月電子通商から購入できます。

　ブレッドボードには小さめのものを使いました。本書ではすべての製作例で、
この小型サイズのブレッドボードを使っています。

　抵抗はちょっと大きめの1/4Wサイズがブレッドボードには使いやすいと思
います。ヘッダピンには両端ロングピンのタイプを使うことで、ブレッドボー
ド側にも確実に挿入できます。

　部品が揃ったらブレッドボードで組み立てます。組立図が**図6.3.3**となります。
液晶表示器とGPS受信モジュールを取り外した状態の図となっていて、それぞ
れの下に抵抗などを実装しています。

　また、3端子レギュレータは図のように、出力、GND、入力の順のピン配置
になっていますから、こちらも間違いがないように実装してください。ブレッ
ドボードの上端と下端の青と赤の横ラインはGNDと電源に使っていますので、
上と下を連結する必要がありますので、こちらも忘れないようにしてください。
特にGNDはスイッチS1とJP1を経由して連結しています。

▼ 表 6.3.2 部品表

型番	種別	名称、パーツ記号	数量	入手先
IC1	マイコン	PIC16F18313-I/SP	1	秋月電子通商
IC2	レギュレータ	LP2950L-3.3V	1	
LED1	抵抗内蔵 LED	OSY5LU5B64A-5V	1	
LCD1	液晶表示器	SB1602B I2C 低電圧キャラクタ	1	ストロベリーリナックス
GPS1	GPS 受信モジュール	AE-GYSFDMAXB	1	秋月電子通商
S1	タクトスイッチ	小型基板用 黄色	1	
R1,R2,R3,R4	抵抗	10kΩ 1/4W	4	
C1,C2,C3,C4	コンデンサ	1uF 16/25V 積層セラミック	4	
JP1	ヘッダピン	6 ピン 両端ロングピン	2	
JP2	ヘッダピン	3 ピン 両端ロングピン	1	
ブレッドボード		EIC-801	1	
		ブレッドボード用ジャンパワイヤ	1	
電池ボックス		単3 3本用 リード線	1	
		3 ピン コネクタ用ハウジング	1	
		ケーブル用コネクタ	2	
バッテリ		単3 アルカリ電池	3	

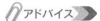アドバイス

・GPS 受信モジュール

秋月電子通商から基板に実装したキットが販売されています。

「GPS 受信機器キット（AE-GYSFDMAXB）秋月電子通商」には、L 型のヘッダピンが同梱されているかと思います。

本書の写真 6.2.1 のように実装するには、L 型のヘッダピンは使用せず、ICSP 用で取り付ける 6 ピンのヘッダピン（ピッチ：2.54mm）を別途購入し（下図参照）、6 ピンのうちの 1 ピンをカットして 5 ピンにして使用してください。

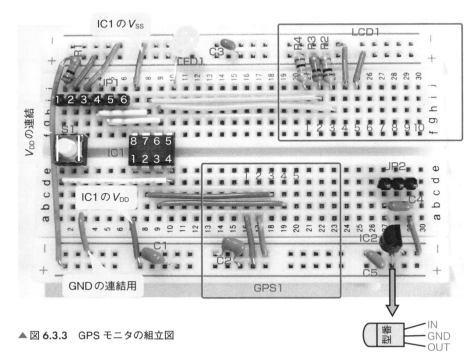

▲ 図 6.3.3 GPS モニタの組立図

電源の電池は第3章の「3-2 LED ボードのハードウェア製作」で製作した電池ボックスを使いまわしています。これを JP2 の 3 ピンのヘッダピンに接続します。挿入向きを間違えないようにしてください。逆向きに接続するとレギュレータが壊れます。以上で組み立ては完了です。次はプログラムの製作です。

6-4 GPS モニタのプログラム製作

▶ 6-4-1 | MCC の設定

ハードウェアが完成したら次はプログラムの製作です。このGPSモニタのプログラムは次のような機能として製作することにします。

・GPS受信モジュールから1秒ごとに送信されるメッセージを受信し、特定メッセージ内の時刻と緯度経度を取り出して液晶表示器に表示する。

GPSメッセージの液晶表示器の表示フォーマットは、図6.4.1のようにすることとします。1行目は時刻表示とし、2行目に緯度と経度を表示することにします。これで液晶表示器の16文字2行にピッタリで納まります。

```
Time = 09:51:20
N 35.32 E 139.28
```

▲図6.4.1 液晶表示器の表示フォーマット

参考
・**N**
　north latitude
・**E**
　east longitude

参照
→ 第2章参照
MPLAB Code
Configurator

アドバイス
ここではDドライブとしましたが、ドライブは読者がお使いのものに変更してください。

このプログラムをMCCで製作していきます。

まずMPLAB X IDEを起動してプロジェクトを作成します。プロジェクト名は「GPS_LCD」、フォルダを「D:¥PIC16¥GPS_LCD」とします。プロジェクトの作成からSystem Moduleの設定までの手順は「第2章 MCCによるプログラムの作り方」を参照してください。

MCCを起動しSystem Moduleの設定が完了したら、EUSARTの設定をします。設定は図6.4.2のように、デフォルトのままで特に設定を変更する箇所はありません。

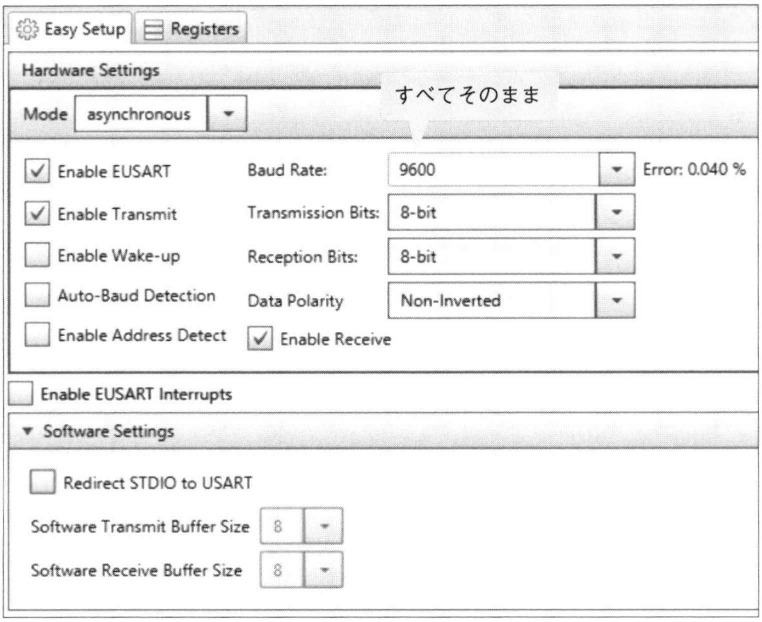

▲図 6.4.2　EUART モジュールの MCC の設定

次に、液晶表示器用に MSSP1 を図6.4.3のように I²C マスタに設定します。

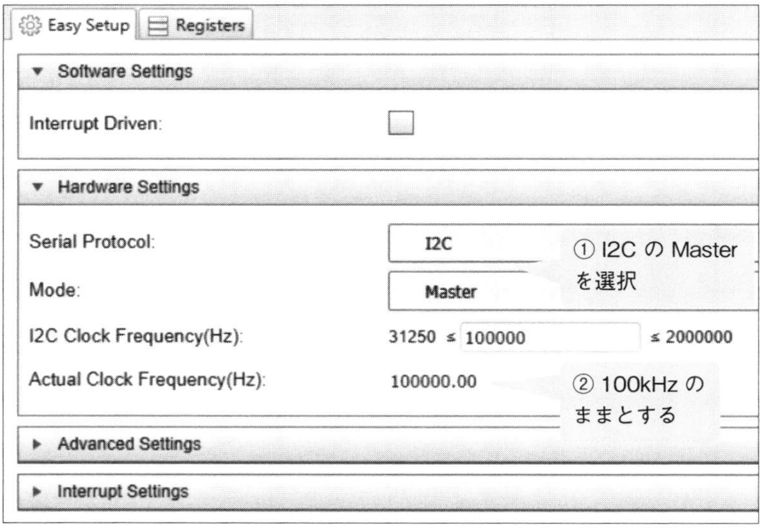

▲図 6.4.3　MSSP1 モジュールの MCC の設定

次は入出力ピンの設定で、[Pin Manager] 窓で図6.4.4のように設定し、[Pin Module] の窓で名称も入力します。

Output	Pin Manager: Grid View ×	Notifications [MCC]							
Package:	SOIC8 ▼	Pin No:	7	6	5	4	3	2	

			Port A ▼					
Module	Function	Direction	0	1	2	3	4	5
EUSART ▼	RX	input	🔓	🔓	🔓	🔓	🔒	🔓
	TX	output	🔓	🔓	🔓	🔓	🔓	🔒
MSSP1 ▼	SCL1	in/out	🔒	🔓	🔓		🔓	🔓
	SDA1	in/out	🔓	🔒	🔓		🔓	🔓
OSC	CLKOUT	output				🔓		
Pin Module ▼	GPIO	input	🔓	🔓	🔓	🔓	🔓	🔓
	GPIO	output	🔓	🔓	🔒	🔓	🔓	🔓
RESET	MCLR	input				🔒		

①EUSART用ピン
②液晶表示器用のピン
③LED1

Easy Setup	Registers								

Selected Package : SOIC8

Pin Name ▲	Module	Function	Custom Name	Start High	Analog	Output	WPU	OD	IOC
RA0	MSSP1	SCL1	④名称設定	☐	☐	☐	☐	☐	none ▼
RA1	MSSP1	SDA1		☐	☐	☐	☐	☐	none ▼
RA2	Pin Module	GPIO	LED	☐	☑	☑	☐	☐	none ▼
RA4	EUSART	RX		☐	☐	☐	☐	☐	none ▼
RA5	EUSART	TX		☐	☑	☑	☐	☐	none ▼

▲ 図 6.4.4　入出力ピンの設定

　MCCの設定は以上ですべてですから〔**Generate**〕ボタンをクリックしてコード生成を実行します。

　これで生成されたプロジェクトコードの中に液晶表示器のライブラリを登録します。次の2つのファイルlcd_lib2.hとlcd_lib2.cを入手してプロジェクトフォルダ（D:¥PIC16¥GPS_LCD¥GPS_LCD.X）にコピーします。その後第4章の「4-4-2 液晶表示器の制御方法」の手順に従ってプロジェクトにファイルを登録します。

　これですべての準備が完了しました。次はmain.cにプログラムを追加記述していきます。

▶▶ 6-4-2 ｜ GPS モニタのプログラム製作

　自動生成された関数と液晶表示器ライブラリの関数を使って、GPSモニタのプログラム本体をmain.cの中に記述します。main.cの最初には長文のコメントがありますので、ここは削除して書き換えます。

　GPSモニタのプログラムは、図6.4.5のようなフローで作成します。メイン関数のみの単純なフローで構成しています。メインループでは、GPSから改行までのひとつのメッセージを受信するごとにヘッダ部をチェックし、＄GPGGAだったらメッセージから時刻を取り出し、9時間の補正をしたあと、1行目に時刻を表示します。さらに緯度と経度を取り出して2行目に表示します。ヘッダ部が一致しなければ何もせず次のメッセージ受信に進みます。

教えて
・**どうして9時間の補正が必要なの？**
　日本標準時が協定世界時より9時間進んでいるためです。

　このフローに従って作成したメイン関数
の宣言部とメイン関数の初期化部が**リスト
6.4.1**となります。宣言部で2行の表示用
バッファを用意していて、このxxの部分
に受信した文字を格納します。初期化部で
は液晶表示器の初期化を実行しています。

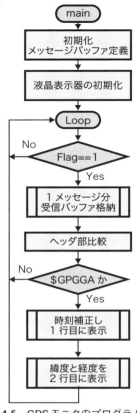

▲図6.4.5　GPSモニタのプログラムフロー

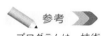

参考

　プログラムは、技術
評論社・書籍案内「改
訂新版 8ピンPIC マ
イコンの使い方がよく
わかる本」の『本書の
サポートページ』より
ダウンロードできます。
(p.2の「プログラムリ
ストのダウンロード」
参照)

リスト6.4.1　**宣言部とメイン関数の初期化部**

```
/********************************************
 *   GPS Monitor
 *   GPS Data to LCD
 *   PIC16F18313
 ********************************************/
#include "mcc_generated_files/mcc.h"
#include "lcd_lib2.h"
#include <string.h>

// 変数定義
char rcv, Index, rData[80];
char Head[] = "$GPGGA";
char hour[3];
int16_t  time;
char Line1[] = "Time = xx:xx:xx";
char Line2[] = "N xx.xx E xxx.xx";
/******* メイン関数 **********************/
void main(void)
{
    SYSTEM_Initialize();
    Index = 0;
```

```
// LCD 初期化
lcd_init();              // LCD 初期化
lcd_clear();             // LCD 全消去
```

　続いてメインループ部が**リスト6.4.2**となります。ここではまずGPS受信モジュールからのメッセージを改行コードまでの1個分を受信します。次にその先頭のヘッダ部が$GPGGAかどうかを比較して判定します。コードを短くするため、memcmpやmemcpyなどのメモリアクセス関数※1を使っています。比較が一致したら中身を取り出します。まず時刻の時間部を取り出し、数値に変換※2してから9時間を加えて日本時間に変換します。24時を超えたら24時間を引き算しています。その結果の数値を文字に変換して表示バッファに書き込んでいます。さらに分と秒をメッセージから表示バッファにコピーして時刻表示を実行しています。

　次に緯度と経度の部分を、桁数を限定してmemcpy関数でメッセージから表示バッファにコピーしてから液晶表示器の2行目に表示しています。

　以上で表示完了ですから最初に戻って次のメッセージ受信を繰り返します。表示中にも別のメッセージが送られてきていますがこれらは無視します。

アドバイス

※1：直接メモリを読み書きするので、コードが少なくなります。

アドバイス

※2：9時間を加える計算をするため、数値に変換します。

リスト6.4.2 メインループ部

```
/****** メインループ *****************/
while (1)
{
    /**** GPS 受信処理バッファ 64 バイト ***********/
    do {
        rcv = EUSART_Read();                // 1文字受信
        rData[Index++] = rcv;               // バッファに格納
    }while(rcv != 0x0A);                    // 改行まで繰り返し
    Index = 0;                              // インデックスリセット
    if(memcmp(rData, Head, 6) == 0){        // ヘッダ部チェック
        LED_Toggle();                       // 目印
        /****** GPGGA の受信処理（1秒ごと）******/
        memcpy(hour, rData+7, 2);           // 時間部取り出し
        time = atoi(hour);                  // 時間を数値へ
        // 時刻の補正  +9 時間  24 時超えたら -24 時
        time = time + 9;                    // ＋9 時間
        if(time >=24)                       // 24 時超えの場合
            time -= 24;                     // -24 時
        Line1[7] = (char)(time / 10) + '0'; // 時間を文字でコピー
        Line1[8] = (char)(time % 10) + '0';
        memcpy(Line1+10, rData+9, 2);       // 分コピー
        memcpy(Line1+13, rData+11, 2);      // 秒コピー
        lcd_cmd(0x80);                      // 1 行目指定
        lcd_str(Line1);                     // 時刻表示
        // 緯度、経度の表示
        memcpy(Line2+2, rData+18, 2);       // 緯度
        memcpy(Line2+5, rData+20, 2);       // 緯度分
```

```
            memcpy(Line2+10, rData+30, 3);              // 経度
            memcpy(Line2+14, rData+33, 2);              // 経度分
            lcd_cmd(0xC0);                              // 2 行目指定
            lcd_str(Line2);                             // 緯度経度表示
        }
    }
}
```

以上でGPSモニタのプログラムも製作完了です。

▶▶ 6-4-3 │ 動作確認

　以上でプログラムも完成しましたから、PICマイコンに書き込みます。書き込み手順は第2章の「2-5 コンパイルと書き込み実行」を参照してください。

　書き込みが完了すればすぐ動作を開始しますが、液晶表示器はプログラマと共用のピンになっているため動作しません。まずプログラマをブレッドボードから抜き取り、リセットスイッチを押します。これで液晶表示器に数値部がない状態で表示が出れば動作しています。

　GPS受信モジュールが動作を開始するまでに42秒以上かかりますから、家の中の窓に近いところで受信を待ちます。受信できればGPS受信モジュール自体に実装されているLEDが1秒ごとに点滅し、正常に受信できれば液晶表示器に時刻と緯度、経度が表示されるはずです。同時にLED1も点滅します。

第**7**章

アナログ信号と A/D コンバータの 使い方

本章ではアナログ信号を扱う方法として A/D コンバータの 使い方を説明します。実際の製作例として加速度センサを使っ て水準器を製作します。

7-1 A/D コンバータの使い方

本章ではアナログ信号を扱う方法として A/D コンバータの使い方を説明します。実際の製作例として加速度センサを使って水準器を製作します。

▶ 7-1-1 │ A/D コンバータの構成と動作

・A/D コンバータ
　アナログ（A）からデジタル（D）に変換する装置。

・逐次比較型
　A/D 変換の方式のひとつ。比較的高速な変換ができる。

・サンプルホールド回路
　アナログ信号の電圧でコンデンサを充電することで、一時的に電圧を保持する回路。
　これで A/D 変換する間一定の電圧を保つ。

・A/D コンバータを使う目的は何？
　アナログ電圧を数値に変換して演算に使えるようにするためです。

PIC16F18313の10ビット A/D コンバータは、逐次比較型の変換器で高速な変換ができます。変化する信号を安定して変換できるようにするサンプルホールド回路も内蔵しています。図7.1.1が10ビット A/D コンバータの内部構成です。

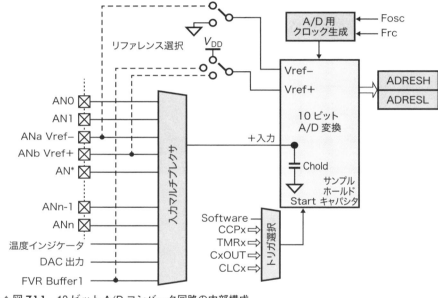

▲図 7.1.1　10 ビット A/D コンバータ回路の内部構成

PICマイコンは入出力ピンがデジタル入出力とアナログ入出力いずれにも使えるようになっています。このアナログ入力ピンのうちのどれか1つだけが入力マルチプレクサで選択され、プラス側入力へ入力[1]されます。A/D コンバータ内部にはサンプルホールドキャパシタが接続されていて、このキャパシタへの充電完了を待った後A/D変換を開始します。逐次変換方式でA/D変換を行い、変換結果がADRESHレジスタとADRESLレジスタの2バイト[2]に出力されます。

※1：マイナス側入力は GND となっています。

※2：10 ビットなので2バイトが必要です。

A/D コンバータの入力チャネルには、入出力ピン以外に、内蔵温度インジケータ（TEMP）、内蔵 D/A コンバータ（DAC）、内蔵定電圧リファレンス（FVR）も選択できるようになっていて、それぞれの電圧を計測できます。

さらに、変換する電圧範囲を決めるリファレンス電圧（V_{ref+} と V_{ref-}）として、

電源とGND以外に外部から入力する電圧を選択することもできますし、FVR
を指定することもできます。実際に測定可能な電圧範囲はリファレンス電圧
V_{ref+}とV_{ref-}で決定されます。測定値の最大値がV_{ref+}で最小値がV_{ref-}となり、
この間が1024等分されます。

A/DコンバータがA/D変換をする時間は、**図7.1.2**で表されます。

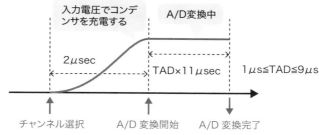

▲ **図7.1.2** A/D 変換に必要な時間

どれかひとつのチャネルが選択されると、そのアナログ信号で内部のサンプ
ルホールドキャパシタを充電します。この充電のための時間（アクイジション
タイム）が必要となります。A/D変換を正確に行うには、アクイジションタイ
ムとして標準で2μsec以上[1]を待ち、それから変換スタートの指示をする必
要があります。この時間を待たずにA/D変換のスタートの指示を出すと、充電
の途中の電圧で変換してしまうため、実際の値より小さめの値となってしまい
ます。

この後の逐次変換に要する時間は、A/D変換用クロック（TAD）[2]の11倍と
なります。このTADはシステムクロックを分周して生成します。PIC16F1ファ
ミリではTADは1μsecから9μsecの間と決められています。結果的に、
PIC16F1ファミリの場合のA/D変換の速度は、最高速度で動作させても

アクイジションタイム（標準2μsec）＋変換時間（1μsec×11＝11μsec）
＝13μsec

となるので、最小繰り返し周期は、13μsecとなります。これ以上の高速での
A/D変換動作はできないということになります。つまり、1秒間に75ksps以上
の速さでは繰り返し動作はできません。

A/Dコンバータを使うときの通常の設定手順は**図7.1.3**のようにします。

まずプログラムの最初の初期化部分で、使用するアナログ入力ピンを指定し
入力モードにしておく必要があります。続いてクロックとリファレンスを指定
しておきます。

次はチャネルを指定してから2μsec以上待ってから変換を開始します。そし
て変換が終了するのを待ってから、結果をADRESHとADRESLレジスタで取
り出します。結果は右詰めにするか左詰めにするかを選択できます。

A/Dコンバータは1組しかありませんので、一度に1チャネルしか入力変換
することができません。したがって、A/D変換をする都度、どのチャネルに対
して実行するかを指定する必要があります。

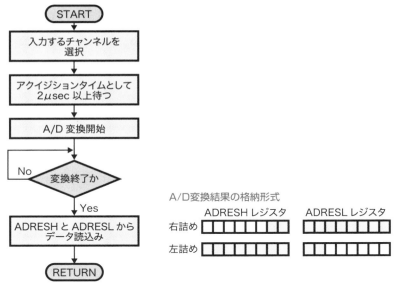

▲ 図 7.1.3 A/D コンバータプログラミング手順

▶ 7-1-2 │ MCC による A/D コンバータの設定

PIC16F18313でA/DコンバータをMCCで使う場合、選択はMCC画面の左下にある、〔Device Resources〕の窓で行います。図7.1.4の①で、ADCをダブルクリックすると、②のように〔Project Resources〕欄の〔Peripherals〕に追加されて、右側が設定窓になります。

設定窓では次のように設定します。③でADクロックの分周比を選択し、TADが1μsecから9μsecの間になるようにします。次に④でrightを選択して右詰めとします。さらに⑤でリファレンスを指定しますが、電源（V_{DD}）とグランド（V_{SS}）の場合はそのままとします。⑥ではプログラムで変換を開始する場合は「no_auto_trigger」としておきます。

最後にPin ManagerのADCの〔ANx〕欄で、アナログ入力とするピンを選択します。これでピン割り付けをしたことになります。これだけの設定でA/Dコンバータを使うことができます。

これで設定が完了し、〔Generate〕ボタンをクリックしてソースコードを生成します。これによりA/Dコンバータに関する制御関数がadc.cとして自動生成されます。この中にA/Dコンバータの制御関数としては多くの関数が生成されますが、実際に使う関数は「ADC_GetConversion()」の1個だけで、表7.1.1のようになります。

この「ADC_GetCoversion(channel)」関数は図7.1.3の手順をすべて実行しますので、A/Dコンバータはこの関数だけで使うことができます。さらに関数の引数のchannelには、Pin Moduleで入力したピン名称が使えます。

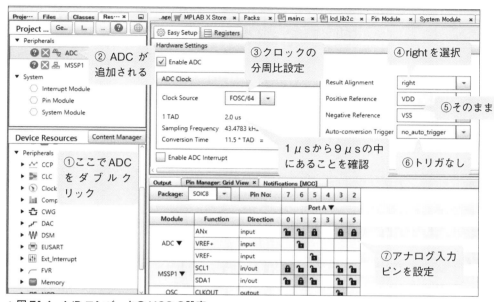

▲ 図 7.1.4　A/D コンバータの MCC の設定

▼ 表 7.1.1　自動生成される A/D コンバータ用関数

関数名	書式と使い方
ADC_SelectChannnel	《機能》A/D 変換するチャネルを選択する 《書式》void ADC_SelectChannel(adc_channel_t channel); 　　　　channel：チャネル指定 《使用例》 　　　ADC_SelectChannel(channel_AN0);
ADC_StartConversion	《機能》A/D 変換を開始する 《書式》void ADC_StartConversion(void);
ADC_IsConversion	《機能》A/D 変換終了を待つ 《書式》bool ADC_IsConversion(void); 　　　　戻り値：True ＝完了　　False ＝変換中ビジー
ADC_GetConversionResult	《機能》A/D 変換結果を取得する 《書式》adc_result_t ADC_GetConversionResult(void); 　　　　戻り値　　：10 ビットの unsigned int 型の変換結果
ADC_GetConversion	《機能》指定したチャネルを選択し、変換を実行し、10 ビットの変換結果を返す。 　　　　2usec のアクイジション待ちも挿入する 《書式》adc_result_t ADC_GetConversion(adc_channel_t channel); 　　　　channel：チャネル指定 　　　　戻り値：10 ビット unsigned int 型の変換結果

　　　以上でA/DコンバータをMCCで使うときの設定手順は完了です。

7-2　水準器の構成と機能仕様

本章では実際にA/Dコンバータを使った例題として、水平をチェックできる水準器を製作します。チェックには加速度センサを使います。このセンサでX、Y、Zの傾きを検出することができます。

製作した水準器の外観が**写真7.2.1**となります。X、Y、Zの傾きを液晶表示器に表示していますが、水準器としてはXとYしか使いません。XとYが0になっていれば水平ということになります。

参考

本章では水平をチェックするための測定器（水準器）を製作します。

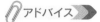

アドバイス

X、Y、Z が表示されますが、X、Y が 0 になっていれば水平ということになります。

液晶表示器

電池ボックスへ

レギュレータ

6ピンヘッダピン
（ICSP用）

加速度センサ

タスクスイッチ

PIC16F18313

▲写真 7.2.1　水準器の外観

▶▶ 7-2-1 ｜ 水準器の構成と機能仕様

製作する水準器は**表7.2.1**のような機能仕様とすることにします。傾き検出にはアナログ出力の3軸加速度センサを使います。表示器には他の製作例と同じI^2Cインターフェースの液晶表示器を使うことにします。製作はブレッドボードで行います。

▼表7.2.1 水準器の機能仕様

項目	機能仕様
電源用バッテリ	単3アルカリ電池 3本直列 レギュレータにより3.3V生成
3軸加速度センサ	メーカ：Kionix社（DIP変換基板に実装済み） 型番 ：KXTC9-2050 電源 ：3.3V 感度 ：660mV/g 出力 ：0gのとき1.65V
表示内容	I2Cキャラクタ液晶表示器を使用 1秒ごとにX、Y、Zの傾きを表示
リセット	リセットスイッチによる

参照

3軸加速度センサ
→図7.3.1。

上記仕様を満足する全体構成を**図7.2.1**のようにしました。

電源には液晶表示器に3.3Vが必要ですので、アルカリ電池3本のバッテリに、小型の3端子レギュレータを接続して3.3Vとし、全体を3.3V動作としています。

液晶表示器はI²CですのでRA0ピンとRA1ピンを使って接続しました。このピンはICSPで書き込み用にも使いますから、書き込み後プログラマを外してからリセットスイッチを押さないと液晶表示器が動作しません。

アドバイス

「1.65Vを中心」つまり電源電圧（3.3V）の中央値です。

加速度センサモジュールは、3.3V電源で、出力は1.65Vを中心として上下に振れる単純なアナログ信号ですので、直接PICのピンに接続できます。

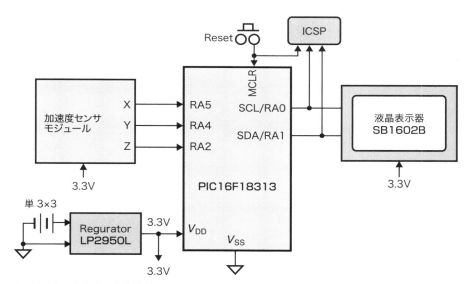

▲図7.2.1 水準器の全体構成

163

7-3 水準器のハードウェア製作

図7.2.1の全体構成に基づいてハードウェアをブレッドボードで組み立てます。その前に本製作例で新たに使う加速度センサの使い方を説明します。

▶ 7-3-1 加速度センサの使い方

アドバイス

加速度センサは、静止中は重力加速度により傾きを検出できます。

傾きの検出には**加速度センサ**を使います。使った加速度センサは、**図7.3.1**のような超小型のICで、これをDIP変換基板に実装したモジュールを使います。基板にはアナログ出力にフィルタが追加されていて、安定な信号が出力されるようになっていますので使いやすくなっています。

加速度センサは、本来は動くものの加速度の計測用センサなのですが、静止中は重力加速度により傾きを検出できます。つまりセンサには常に鉛直方向に1gの加速度が加わっています。センサが傾くとこの重力加速度のベクトルが変わり、加速度が変化することになります。これで傾きを検出できるようになります。

アドバイス

本書では、水平かどうかだけを判定します。よって、X方向とY方向の傾きだけに注視し、この加速度値が中心値(1.65V)になると±0になるように表示するようにします。

本書では、水平かどうかだけ判定すればよいので、X方向とY方向の傾きだけに注視して、この加速度値が中心値(1.65V)になると±0になるように表示するようにします。X軸とY軸の向きは、加速度センサの基板上にシルク印刷で表示されています。

型番　：KXTC9-2050
メーカ：Kionix社
電源　：3.3V
出力　：アナログ　0gで1.65V
　　　　　　　　　660mV/g
　　　　X、Y、Zの3軸独立
計測範囲：±2g
(秋月電子通商で基板化したもの)

No	記号	機能
1	V＋	電源 3.3V
2	NC	
3	ST	テスト(Low に固定)
4	EN	High で動作
5	X	感度：660mV/g
6	Y	0g 出力：1.65V
7	Z	
8	GND	GND

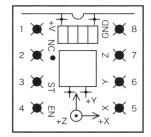

▲ 図 7.3.1　加速度センサの外観と仕様
(写真、図、表は秋月電子通商の web サイトより)

▶ 7-3-2 回路設計と組み立て

まず回路設計です。**図7.2.1**の全体構成をもとに作成した回路図が**図7.3.2**となります。電源は使いまわしの単3アルカリ3本直列のバッテリとし、3端子レギュレータで3.3Vを生成し、すべてをこの3.3Vで動作させています。

液晶表示器は他の製作例と同じようにRA0ピンとRA1ピンに接続し、リセットピンも含めてやや大きめの10kΩの抵抗でプルアップしています。

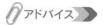**アドバイス**

※1：この 1kΩ の抵抗は、マイコンのデジタルノイズを回避する目的ですが、加速度センサにフィルタを内蔵しているので、なくても問題はありません。

　加速度センサは3本のアナログ出力に1kΩの抵抗※1を挿入して接続しています。この抵抗を省略して直接接続しても問題はありません。

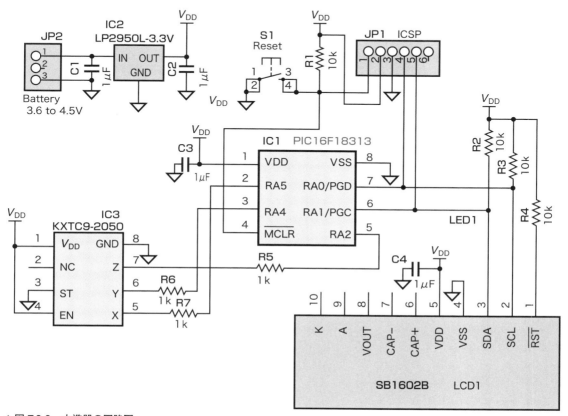

▲ 図 7.3.2　水準器の回路図

　この回路の組み立てに必要な部品は**表7.3.1**となります。液晶表示器以外はすべて秋月電子通商から購入できます。

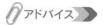**アドバイス**

　本書で使用する部品の多くを、秋月電子通商のオンラインで購入しています。
　なお、本書に掲載した部品の情報は本書の執筆時のものです。変更・終売になっていることがありますので、秋月電子通商の Web サイト、HP にて最新の情報をご確認ください。

　ブレッドボードには小さめのものを使いました。本書ではすべての製作例で、この小型サイズのブレッドボードを使っています。
　抵抗はちょっと大きめの1/4Wサイズがブレッドボードには使いやすいと思います。ヘッダピンには両端ロングピンのタイプを使うことでブレッドボード側にも確実に挿入できます。

▼表 7.3.1　部品表

型番	種別	名称、パーツ記号	数量	入手先
IC1	マイコン	PIC16F18313-I/SP	1	秋月電子通商
IC2	レギュレータ	LP2950L-3.3V	1	
IC3	加速度センサ	KXTC9-2050　3軸加速度センサ	1	
LCD1	液晶表示器	SB1602B　I2C 低電圧キャラクタ	1	ストロベリーリナックス
S1	タクトスイッチ	小型基板用　黄色	1	秋月電子通商
R1,R2,R3,R4	抵抗	10kΩ　1/4W	4	
R5,R6,R7	抵抗	1kΩ　1/4W	3	
C1,C2,C3,C4	コンデンサ	1uF 16/25V　積層セラミック	4	
JP1	ヘッダピン	6ピン　両端ロングピン	1	
JP2	ヘッダピン	3ピン　両端ロングピン	1	
ブレッドボード		EIC-801	1	
		ブレッドボード用ジャンパワイヤ	1	
電池ボックス		単3　3本用　リード線	1	
		3ピン　コネクタ用ハウジング	1	
		ケーブル用コネクタ	2	
バッテリ		単3　アルカリ電池	3	

　部品が揃ったらブレッドボードで組み立てます。組立図が**図7.3.3**となります。液晶表示器を取り外した状態の図となっていて、液晶表示器の下に抵抗などを実装しています。

　加速度センサはヘッダピンが接続されていない状態なので、先にDIP変換基板にヘッダピンをはんだ付けする必要があります。また加速度センサのZ軸はIC1の5ピンに接続する必要があり、何本かのジャンパ線を使って取り回す必要があります。

　また、3端子レギュレータは図のように、出力、GND、入力の順のピン配置になっていますから、こちらも間違いがないように実装してください。ブレッドボードの上端と下端の青と赤の横ラインはGNDと電源に使っていますので、上と下を連結する必要がありますので、こちらも忘れないようにしてください。特にGNDはスイッチS1とJP1を経由して連結しています。

アドバイス

　ブレッドボード(EIC-801) は、a列〜e列、f列〜j列が内部でつながっています。
　なお、e列とf列の間はつながっていません。

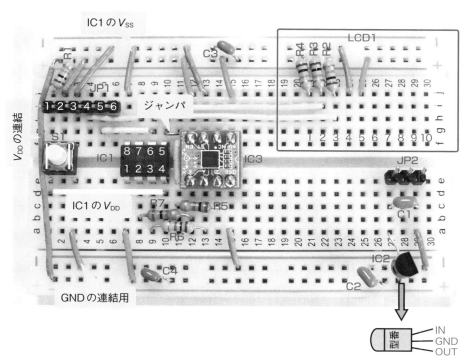

▲ 図 7.3.3　水準器の組立図

　電源の電池は第3章の「3-2 LEDボードのハードウェア製作」で製作した電池ボックスを使いまわしています。これをJP2の3ピンのヘッダピンに接続します。挿入する際向きを間違えないようにしてください。逆向きに接続するとレギュレータが壊れます。

　以上で組み立ては完了です。次はプログラムの製作です。

注意

挿入する際、向きを間違えないようにしてください。

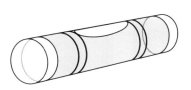

7-4 水準器のプログラム製作

7-4-1 MCC の設定

ハードウェアが完成したら次はプログラムの製作です。この水準器のプログラムはつぎのような機能として製作することにします。

・1秒ごとに加速度センサのX、Y、Z軸の値をA/Dコンバータで読み取り液晶表示器に表示する。

水準器の液晶表示器の表示フォーマットは**図7.4.1**のようにすることとします。1行目は見出しとし、2行目にX、Y、Zの値を表示します。Z軸の値はここでは不要なのですが、参考までに追加しました。

アドバイス

XとYが0になっていれば水平ということになります。

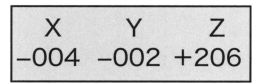

▲ 図 7.4.1 　液晶表示器の表示フォーマット

参照

→ 第2章参照
M P L A B C o d e
Configurator

このプログラムをMCCで製作していきます。

まずMPLAB X IDEを起動してプロジェクトを作成します。プロジェクト名は「Leveler」、フォルダを「D:¥PIC16¥Leveler」とします。プロジェクトの作成からSystem Moduleの設定までの手順は第2章を参照してください。

アドバイス

ここではDドライブとしましたが、ドライブは読者がお使いのものに変更してください。

MCCを起動しSystem Moduleの設定が完了したら、A/Dコンバータの設定をします。設定は**図7.4.2**のように設定します。①［Clock Source］のクロックの分周比はFOSC/32でも1μsecから9μsecの範囲ですから問題ありません。②［Result Alignment］はrightで右詰めとし、④でプログラム制御とします。A/Dコンバータは数10μsecという高速動作ですから通常割り込みは使いません。

アドバイス

クロックは他と同じ32MHzとします。
図7.4.2では、「FOSC/64」になっていますが、これでもOKです。

▲ 図 7.4.2 　A/D コンバータモジュールの MCC の設定

次に液晶表示器用にMSSP1を図7.4.3のようにI²Cマスタで通信速度は100kHzのままに設定します。

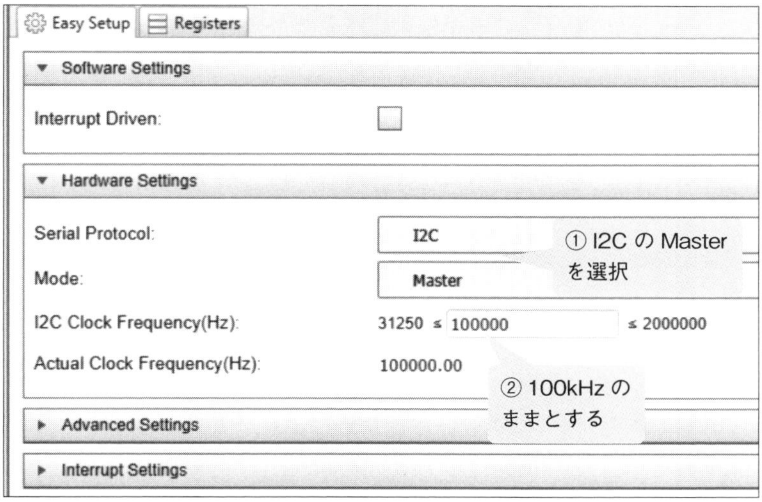

▲図7.4.3　MSSP1 モジュールの MCC の設定

次は入出力ピンの設定で、Pin Manager窓で図7.4.4のように設定し、Pin Moduleの窓で名称も入力します。A/Dコンバータの入力ピンに名称を付けておくと、A/Dコンバータの関数でこの名称をチャネル指定に使えます。

▲図7.4.4　入出力ピンの設定

MCCの設定は以上ですべてですから〔Generate〕ボタンをクリックしてコード生成を実行します。

これで生成されたプロジェクトコードの中に液晶表示器のライブラリを登録

します。次の2つのファイルlcd_lib2.hとlcd_lib2.cを入手してプロジェクトフォルダ（D:¥PIC16¥Leveler¥Leveler.X）にコピーします。その後第4章の「4-4-2 液晶表示器の制御方法」の手順に従ってプロジェクトにファイルを登録します。

これですべての準備が完了しました。次はmain.cにプログラムを追加記述していきます。

▶ 7-4-2 | 水準器のプログラム製作

自動生成された関数と液晶表示器ライブラリの関数を使って、水準器のプログラム本体をmain.cの中に記述します。main.cの最初には長文のコメントがありますので、ここは削除して書き換えます。

水準器のプログラムは図7.4.5のようなフローで作成します。メイン関数のみの単純なフローで構成しています。加速度センサの数値を文字列に変換する部分で、sprintfなどの高水準関数を使うと一気にメモリを消費[1]して2kWには納まらなくなってしまいますので、個々に数値に変換する関数をサブ関数として作成しました。

このフローに従って作成したメイン関数の宣言部と、メイン関数の初期化部がリスト7.4.1となります。宣言部ではサブ関数のプロトタイピングと、2行の表示用バッファを用意していて、このxxxの部分に数値を文字に変換して格納します。初期化部では液晶表示器の初期化を実行しています。

アドバイス

※1：高水準関数を使うと一気にメモリを消費してしまいます。よって、個々に数値に変換する関数をサブ関数として作成しました。

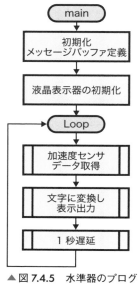

▲図7.4.5 水準器のプログラムフロー

参考

プログラムは、技術評論社・書籍案内「改訂新版 8ピン PIC マイコンの使い方がよくわかる本」の『本書のサポートページ』よりダウンロードできます。（p.2の「プログラムリストのダウンロード」参照）

リスト7.4.1 宣言部とメインの初期化部

```
/************************************
 *   加速度センサ
 *   3軸 AD 返還後 UART で送信
 *   PIC16F18313
 ************************************/
#include "mcc_generated_files/mcc.h"
#include "lcd_lib2.h"
// 変数定義
int16_t Xaxis, Yaxis, Zaxis;
void numtostr(int16_t number, char *buf);
void itostring(char digit, uint16_t data, char *buffer);
// 表示用バッファ
char Line1[] = "  X     Y     Z ";
char Line2[] = "-xxx  -xxx  -xxx";
/****** メイン関数 *************************/
void main(void)
```

```
{
    SYSTEM_Initialize();              // システム初期化
    lcd_init();
    lcd_clear();
```

続いてメインループの部分が**リスト7.4.2**となります。まず3軸の加速度値を
A/Dコンバータで読み出します。結果から511を引き算して水平時に0になる
ようにします。その数値を文字列に変換して表示バッファに格納します。その
結果を液晶表示器に表示しています。1秒間隔は単純にDelay関数を使いました。

アドバイス

2の10乗(1024)
の半分(512)－1。

リスト7.4.2 メインループ部
```
/***** メインループ ********************/
    while (1)
    {
        // 加速度センサデータ読み込み
        Xaxis = (int16_t)ADC_GetConversion(ANX) - 511;
        Yaxis = (int16_t)ADC_GetConversion(ANY) - 511;
        Zaxis = (int16_t)ADC_GetConversion(ANZ) - 511;
        // 文字に変換しバッファに格納
        numtostr(Xaxis, Line2);
        numtostr(Yaxis, Line2+6);
        numtostr(Zaxis, Line2+12);
        // LCD 表示実行
        lcd_cmd(0x80);
        lcd_str(Line1);
        lcd_cmd(0xC0);
        lcd_str(Line2);
        __delay_ms(1000);                  // 1秒間隔
    }
}
```

最後がサブ関数部で**リスト7.4.3**となります。2つの関数がありますが、いず
れも数値を文字列に変換する関数です。numtostr()関数では正負の判定をして
＋と－を表示バッファに格納し、数値を正整数にしてからitostring()関数を読
んで文字列に変換し表示バッファに格納しています。itostring()関数では、10
進数として桁ごとに10で割り算した余りに文字の「0」を加えて数字に変換し
ています。

リスト7.4.3 サブ関数部
```
/*******************************
 * 正負判定し文字に変換
 *******************************/
void numtostr(int16_t number, char *buf){
    char * ptr;

    ptr = buf;                              // ポインタ初期値セット
```

```
    if(number >= 0)                         // 数値が正の場合
        *buf = '+';                         // ＋記号保存
    else{                                   // 数値が負の場合
        number *= -1;                       // 正に変換
        *buf = '-';                         // ?記号保存
    }
    itostring(3, (uint16_t)number, ptr+1);  // 文字に変換
}
/**********************************
* 整数から ASCII 文字に変換
**********************************/
void itostring(char digit, uint16_t data, char *buffer){
    char i;

    buffer += digit;                        // 最後の数字位置
    for(i=digit; i>0; i--) {                // 変換は下位から上位へ
        buffer--;                           // ポインター1
        *buffer = (data % 10) + '0';        // ASCII へ
        data = data / 10;                   // 次の桁へ
    }
}
```

以上で水準器のプログラムは完成です。

▶▶ 7-4-3 動作確認

以上でプログラムも完成しましたから、PICマイコンに書き込みます。書き込み手順は第2章の「2-5 コンパイルと書き込み実行」を参照してください。

書き込みが完了すればすぐ動作を開始しますが、液晶表示器はプログラマと共用のピンになっているため動作しません。まずプログラマをブレッドボードから抜き取り、リセットスイッチを押します。これで液晶表示器に期待通りの表示が出れば正常動作しています。

アドバイス
プログラマをブレッドボードから抜き取り、リセットスイッチを押してください。

水準器としては、ブレッドボードをおいて、XとYの表示が0になれば水平ということになります。Z軸が参考データです。

X軸とY軸がどちらかは、加速度センサの基板上にシルク印刷で表示されています。

IoT ターミナルの
製作

　ここでは応用製作例ということで、Wi-Fi モジュールとセン
サを使って、クラウドにセンサデータを送信し、グラフ化し
てウェブでどこからでも見られるようにするという「IoT ター
ミナル」を製作してみます。

8-1 IoT ターミナルのシステム構成

本章では応用製作例ということで、Wi-Fiモジュールとセンサを使って、クラウドにセンサデータを送信し、グラフ化してウェブでどこからでも見られるようにするという「IoTターミナル」を製作してみます。

完成したIoTターミナルの外観が**写真8.1.1**となります。中央奥側がWi-Fiモジュールで、中央手前側が**温湿度センサ**です。Wi-Fiモジュールの消費電流が多く、電池では長時間動作は無理ですのでACアダプタを使うことにしました。これに1Aクラスの3端子レギュレータを接続して、全体に3.3Vを供給しています。左側のケーブルはUSBシリアル変換ケーブルです。

DCジャックにはDC5VのACアダプタを接続しています。

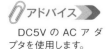

アドバイス

DC5V の AC アダプタを使用します。

参照

・**Wi-Fi モジュール**
→ 図 8.3.1 (p.180)
・**USB シリアル変換ケーブル**
→ 図 8.3.3 (p.182)

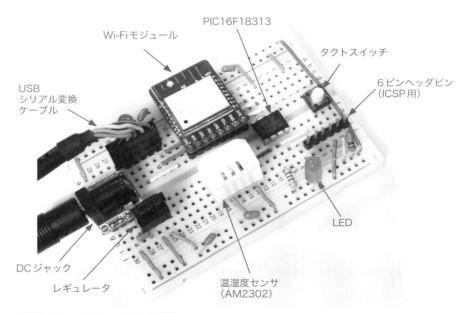

▲ 写真 8.1.1　IoT ターミナルの外観

▶ 8-1-1 IoT ターミナルのシステム構成

まず製作するIoTターミナルのシステム全体構成を**図8.1.1**のようにすることにします。

IoTターミナルのWi-Fiモジュールを使って、**Wi-Fiルータ**（アクセスポイント）経由でインターネット上の**Ambient**サーバに接続します。そしてこのAmbientサーバに温湿度センサのデータを一定間隔で送信します。

アドバイス

読者の自宅にあるWi-Fiルータを使います。

アドバイス

Ambient サーバは、無料で使える日本のクラウドサービスです。

・Ambient
→ p.177

Ambientサーバでは、このデータをグラフ化しインターネット上に公開します。これでインターネットに接続すればどこからでもセンサデータのグラフを見ることができます。

IoTターミナルにはデバッグ用のパソコンが接続できるようにして、Ambientサーバとの通信状況をモニタできるようにします。

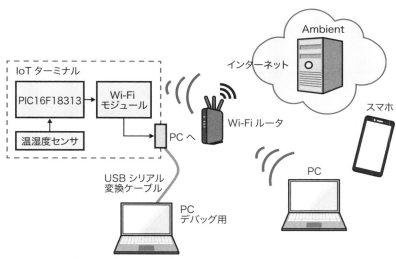

▲ 図 8.1.1　IoT ターミナルのシステム構成

▶ 8-1-2 ┃ IoT ターミナルの構成と仕様

図8.1.1の構成に基づいて製作するIoTターミナル本体の仕様は、表8.1.1のようにしました。表示器が欲しいところですが、PICマイコンのピン数とメモリサイズから無理と判断しました。

アドバイス

表示器が欲しいところですが、今回は8ピンPICを使用する予定なので、ピン数とメモリサイズから無理と判断しました。

▼ 表 8.1.1　IoT ターミナルの機能仕様

項目		機能仕様
電源		AC アダプタ　DC5V 1A 以上
Wi-Fi モジュール	型番	EST WROOM-02
	電源	電源 3.0 ～ 3.6V　Max 140mA　平均 80mA
	制御	AT コマンドで制御
温湿度センサ	型番	AM2302
	電源 消費電流	3.1V ～ 5.5V 950 μ A（計測時）　350 μ A（平均）
	温度	範囲：0℃～ 80℃　　　分解能：0.1℃ 精度：± 0.5℃
	湿度	範囲：0 ～ 99.9%RH　分解能：0.1% RH 精度：± 3%　　　　　応答時間：5 秒以下
リセット		リセットスイッチによる

　前記仕様を満足するIoTターミナルの構成を**図8.1.2**のようにしました。

　電源にはWi-Fiモジュールに3.3Vが必要で、最大140mAを必要としますので電源をDC5VのACアダプタとし、ちょっと大きめですが1Aクラスの3端子レギュレータを使って3.3Vを生成し、全体を3.3V動作としています。

　温湿度センサは第4章で使ったものと同じで、単線シリアル通信のインターフェースのものを使いました。

　Wi-Fiモジュールとの通信がモニタできるように、Wi-FiモジュールのTXとRX端子にヘッダピンのコネクタを追加して、USBシリアル変換ケーブルでパソコンと接続できるようにしました。あと送信目印用にLEDを1個追加しています。

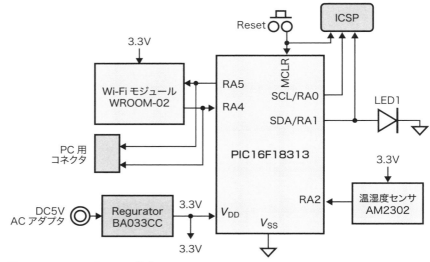

▲ **図 8.1.2**　IoT ターミナルの構成

8-2 Ambient クラウドの使い方

　本章の製作例では無料のクラウドサービスとして Ambient を使うことにしました。この Ambient の使い方を説明します。Ambient は日本の会社が運営するクラウドサービスで、簡単な手順でデータを送ることができ、自動的にデータをグラフ化してくれます。一定の制限内であれば無料で使えます。

▶▶ 8-2-1 Ambient とは

　この Ambient は、図8.2.1 のような接続構成で使います。マイコンなどからセンサのデータをインターネット経由で送信すると、Ambient がそれらを受信しグラフを自動的に作成します。このグラフはインターネット経由で見ることができ、公開することもできます。

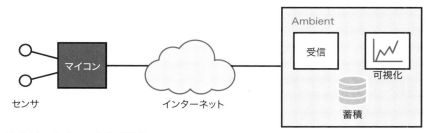

▲図 8.2.1　Ambient の接続構成

　Ambient は次のような条件の範囲なら無料でサービスを提供してくれます。

- ・1ユーザ8チャネルまで無料。
- ・1チャネルあたり8種類のデータを送信可能。
　1チャネル当り8種類のグラフを作成可能。
- ・送信間隔は最短5秒、それより短い場合は無視される。
- ・1チャネルあたり一日3000データまでデータ登録可能。
　24時間連続送信なら29秒×データ数が最短繰り返し時間となる。
- ・データ保存は1年間。1年経つと自動削除。
- ・一つのグラフは最大6000サンプルまで表示可能。
　表示データが多い場合は前後にグラフを移動できる。
- ・グラフの種類。
　折れ線グラフ、棒グラフ、メータ、Box Plot。
- ・地図表示可能。
　データに緯度、経度を付加して送ると位置を地図表示する。
- ・リストチャート形式の表示も可能。

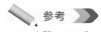
参考
24 時間× 60 分× 60 秒÷ 3000 =28.8 秒

・データの一括ダウンロード（CSV形式）。
・チャネルごとにインターネット公開が可能。
・チャネルごとにGoogle Driveの写真や図表の張り込みが可能。

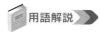

・POST コマンド
HTTP の通信で使われるコマンドでPOST とGET がある。GET はデータを要求する場合に使われる。

チャネル ID は、Ambient にチャネルを追加すると与えられる番号です。

・JSON 形式
キー文字列とデータのペアで表現する形式。
{ キー:データ,キー:データ,---} の形式。

・ライトキー
Ambient に追加したチャネルごとに付与される書き込み用のキーコード。読み出し用のリードキーもある。

Ambientにデータを送るには、**図8.2.2**のようなフォーマットのPOSTコマンドをTCP通信で送ることで行うことができます。

POSTコマンドの最初のリクエストで、チャネルIDを送信します。ヘッダ部ではAmbientサーバのIPアドレスとボディのバイト数、フォーマットがJSONであることを送信します。空行の後にボディ部を送信します。ボディ部はJSON形式で、ライトキーに続けて最大8個のデータと緯度と経度を送信します。

8個のデータは必要な数だけ送れば問題ありませんし、緯度と経度も必要なければ省略しても構いません。データの桁数は任意で、小数点も含めて文字列として送信する必要があります。

リクエスト	POST /api/v2/channels/*qqqqq*/data HTTP/1.1¥r¥n
ヘッダ部	Host: 54.65.206.59¥r¥n Content-Length: *sss*¥r¥n " Content-Type: application/json¥r¥n
空行	¥r¥n
ボディ部	{ "writeKey" : "*ppppp*" , "d1" :" xxxx.x" , "d2" :" xx.x" , "d3" :" xx.x" , 　- - - - "d8" :" xx.x" "lat" :" uu.uuu" "lng" :" vvv.vvv" }¥r¥n

（注）
① qqqqq はチャネルID番号
② 54.65.206.59 は Ambient サーバのIPアドレス
③ sss はボディのバイト数
④ ppppp はライトキー
⑤ xx の部分にはそれぞれのデータ文字列が入る
⑥ uu.uuu は緯度のデータ
⑦ vvv.vvv は経度のデータ

▲図 8.2.2　POST コマンドの詳細

Wi-Fi モジュールは、ESP WROOM-02 を使いました。

・AT コマンド
AT ＋コマンドで制御する簡易手順。

このPOSTコマンドをWi-FiモジュールのATコマンドで送信する手順は、**図8.2.3**のようにします。

アドバイス

　読者の Wi-Fi ルータに接続します。SSIDとパスワードが必要となります。

参考

・**Ambient サーバ**
　IP アドレスとポート番号が決まっています。
　IP アドレス：54.65.206.59
　ポート番号：80

アドバイス

　※1：複数行のメッセージが返されます。

アドバイス

　※2：ここでは送信間隔が3分と長いので、毎回アクセスポイントとの接続から始めています。

　まずアクセスポイントに接続したら、AmbientサーバにTCP通信モードで、ポート番号を80として接続します。この接続は一度でできるとは限らないので、「CONNECT」という応答が返されて正常に接続できるまで、数秒の間隔を空けて繰り返す必要があります。

　接続できたらボディの文字数を送ってから、ボディ本体を連続で送信します。送信後、Ambientサーバからの「HTTP/1.1 200 OK」という正常受信完了のメッセージ[1]を待ち、さらにAmbientサーバがクローズしてCLOSEDが送られてくるのを待ちます。最後にアクセスポイントとの接続を切り離して[2]終了となります。

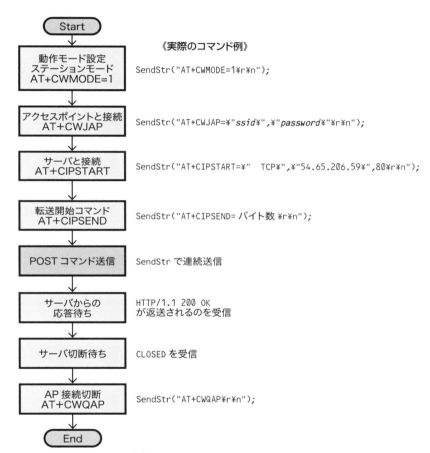

▲図 8.2.3　POST コマンド送信フロー

8-3 IoT ターミナルのハードウェア製作

　図8.1.2のIoTターミナルの構成に基づいて、IoTターミナル本体をブレッドボードで製作します。その前に本製作例で新たに使うWi-Fiモジュールと、USBシリアル変換ケーブルの使い方を説明します。

▶ 8-3-1 ┃ Wi-Fi モジュールの使い方

アドバイス
Wi-Fi モジュールは、スイッチサイエンス社製のものを使用しました。

　Wi-Fi通信用には、よく使われている**ESP WROOM-02**というWi-Fiモジュールを使います。このモジュールそのものは表面実装品ですので、これを基板に実装したモジュールを使います。使ったモジュールは**図8.3.1**のような小型のものです。

型番 ：ESP-WROOM-02（32ビットMCU内蔵）（シンプル版）
仕様 ：IEEE802.11 b/g/n 2.4G
電源 ：3.0V〜3.6V 平均80mA
モード：Station/softAP/softAP+Station
セキュリティ：WPA/WPA2
暗号化：WEP/TKIP/AES
I/F ：UART 115.2kbps
その他：GPIO
（スイッチサイエンス社で基板実装）

No	信号名
1	GND
2	IO0
3	IO2
4	EN
5	RST
6	TXD
7	RXD
8	3V3

▲ 図 8.3.1　Wi-Fi モジュールの外観と仕様
　　　　　（写真はスイッチサイエンス社の web サイトより）

アドバイス
※1：通信速度は115.2kbps となっています。

　内蔵のWi-Fiモジュールのピン設定は基板上で配線済みですので、TXとRXピンにUARTで接続[1]して、すぐ使うことができるようになっています。RSTとENピン、GPIO0ピンはリセットとイネーブル用ですので常時Highとしておきます。

　このモジュールをPICマイコンから使うにはEUSARTモジュールを使います。EUSARTの115.2kbpsのシリアル通信で、ATコマンドと呼ばれる文字列によるコマンドで制御することになります。コマンドを送るごとにWi-Fiモジュールから応答が返ってきますので、それを判定しながら制御します。通常は正常にコマンドが受け付けられれば「OK」応答が返されます。このATコマンドの代表的なものが**表8.3.1**となります。

　このATコマンドは、Wi-Fiモジュール内のファームウェアのバージョンにより少し異なる部分があります。本書で使う範囲では、バージョンの異なる部分は「_DEF」というオプションがいくつかのコマンドに追加されただけで、機能に差異はありません。

▼表 8.3.1　Wi-Fi モジュールの AT コマンド例（↓は CRLF）

コマンド	機能と書式	応答
AT ↓	テスト	OK
AT+RST ↓	再スタート	OK
AT+RESTORE ↓	工場出荷時に戻す	OK
AT+CWMODE_DEF または AT+CWMODE	《機能》モード設定（設定を保存する） 《書式》AT+CWMODE_DEF=n ↓ 　　　n=1：ステーションモード 　　　n=2：ソフト AP モード 　　　n=3：ソフト AP ＋ステーションモード 注）DEF 付は Ver2.0 の記述形式	+CWMODE_DEF:n OK
AT_CWJAP_DEF または AT+CWJAP	《機能》AP と接続する（設定を保存する） 《書式》 　AT+CWMODE_DEF="ssid"，"passwoed" ↓ 　　ssid：AP のアドレス文字列 　　password：AP のパスワード文字列 注）DEF 付は Ver2.0 の記述形式	WIFI CONNECTED WIFI GOT IP OK または +CWJAP_DEF:errorcode FAIL
AT_CWQAP ↓	AP との接続を切断する	OK
AT ＋ CIPSTART	《機能》サーバとの接続 《書式》 　AT+CIPSTART="type"，"IP"，<port> ↓ 　　type：TCP、UDP 　　IP：相手 IP アドレス文字列 　　port：相手ポート番号	CONNECT OK　または ERROR　または busy　または ALREADY CONNECTED
AT+CIPSEND	《機能》送信データ数の送信 《書式》AT+CIPSEND=n ↓ 　　n：送信するバイト数	OK
<data> ↓	《機能》送信データ（n バイト） 　AT_CIPSEND の後に実行し、指定したバイト数と等しい長さであること	SEND OK　または SEND FAIL
サーバから送信 <data> ↓	《機能》受信データ 　　n：受信データバイト数 　　data：受信データ	+IPD，n:data ↓
AT+CIPCLOSE ↓	サーバとの接続を切断	OK

用語解説

・ソフト AP モード
　ソフトウェアで Wi-Fi ルータの機能を果たす。
・AP
　アクセスポイントの略で、家庭では Wi-Fi ルータに相当する。

アドバイス
「¥"」とすると文字列の中で"を文字として扱えるエスケープ文字。

用語解説

・SendStr 関数
　独自の文字列送信関数。

　これらの AT コマンドを使って、実際に TCP サーバと接続してデータを送信する手順は図 8.3.2 のようになります。この手順では応答処理については省略しています。基本の流れは図 8.2.3 と同じです。
　プログラムで記述する場合に注意が必要なことは、AP や TCP サーバの指定を文字列でする必要があることです。したがって図中の例のように、「¥"」を使って文字列の中の文字列として記述する必要があります。図中の例では UART の送信に SendStr 関数を使っています。

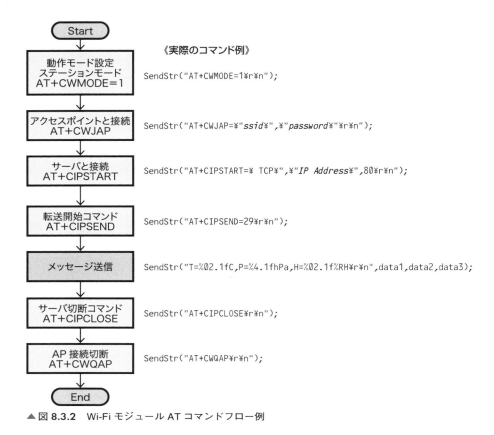

《実際のコマンド例》

| 動作モード設定 ステーションモード AT+CWMODE=1 | `SendStr("AT+CWMODE=1¥r¥n");` |

▲ 図 8.3.2 Wi-Fi モジュール AT コマンドフロー例

8-3-2 USB シリアル変換ケーブルの使い方

　本製作例では、Wi-Fiモジュールとの通信をモニタできるように、6ピンのピンヘッダを追加しました。ここには、図8.3.3のようなUSBシリアル変換ケーブルかUSBシリアル変換モジュールを接続します。

この中にICが組み込まれている

USBシリアル変換ケーブルの仕様
　型番　　：TTL-232R-5V（3V3）
　　　　　　USB-A⇔6ピンヘッダ
　制御IC：FT232R
　電源VCC　：5V
　信号レベル：TTL 5V(3.3V)
　TTL側：6ピンヘッダメス
　　　　　（2.54mmピッチ）

TTL インターフェース

No	色	信号名
6	黒	GND
5	茶	CTS
4	赤	VCC
3	橙	TXD
2	黄	RXD
1	緑	RTS

USBシリアル変換モジュール
基板で提供されているタイプ
ピン配置はケーブルタイプと同じ

FT-232RQ
（秋月電子通商のwebサイトより）

▲ 図 8.3.3 USB シリアル変換ケーブルの外観と仕様

参考 「USB シリアル変換ケーブル」か「USB シリアル変換モジュール（FT-232RQ USB シリアル変換モジュール。秋月電子通商）のどちらかで接続。
なお購入する前に、秋月電子通商の HP にて取扱説明書をチェックしてください。

これでWi-Fiモジュールからの送信や応答内容をパソコンのTeraTermなどの通信ソフトで確認することができます。

8-3-3 | 回路設計と組み立て

アドバイス

RXDに接続すると、PICマイコンが送信しているデータを見ることができます。

参考

本節で使用するPICマイコンはPIC16F18313です。

まず回路設計です。**図8.1.2**の構成をもとに作成した回路図が**図8.3.4**となります。電源の接続はACアダプタを使いますから、DCジャックとします。これに1Aクラスの3端子レギュレータを接続しています。

Wi-FiモジュールはRST、EN、GPIO0を10kΩの抵抗でプルアップし、後はTXDとRXDをPICマイコンと6ピンのヘッダピンに接続しています。ヘッダピンには、Wi-FiモジュールのTXDが受信できるような接続とします。これでパソコンの通信ソフトでWi-Fiモジュールの応答を見ることができます。

温湿度センサは単線シリアルで5.1 kΩのプルアップ抵抗が必要なので忘れないようにします。

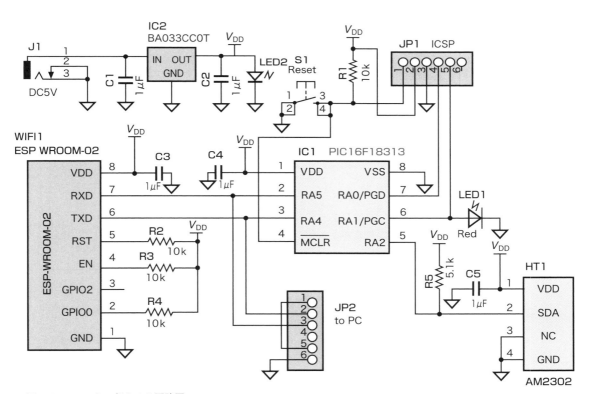

▲図 8.3.4 IoT ターミナルの回路図

アドバイス

本書で使用する部品の多くを、秋月電子通商のオンラインで購入しています。

本書に掲載した部品の情報は本書の執筆時のものです。変更・終売になっていることがありますので、秋月電子通商の Web サイト、HP にて最新の情報をご確認ください。

この回路の組み立てに必要な部品は**表8.3.2**となります。Wi-Fiモジュール以外はすべて秋月電子通商から購入できます。

ブレッドボードには小さめのものを使いました。本書ではすべての製作例で、この小型サイズのブレッドボードを使っています。

抵抗はちょっと大きめの1/4Wサイズがブレッドボードには使いやすいと思います。ヘッダピンには両端ロングピンのタイプを使うことでブレッドボード側にも確実に挿入できます。

▼表 8.3.2　部品表

型番	種別	名称、パーツ記号	数量	入手先
IC1	マイコン	PIC16F18313-I/SP	1	秋月電子通商
IC2	レギュレータ	BA033CC0T	1	
WIFI	Wi-Fiモジュール	ESP-WROOM-02 ピッチ変換済みモジュール（シンプル版）	1	スイッチサイエンス
HT1	温湿度センサ	AM2302	1	秋月電子通商
S1	タクトスイッチ	小型基板用　黄色	1	
LED1	抵抗内蔵 LED	赤　OSR6LU5B64A-5V	1	
LED2	抵抗内蔵 LED	青　OSB5SA5B64A-5V	1	
R1,R2,R3,R4	抵抗	10kΩ　1/4W	4	
R5	抵抗	5.1kΩ　1/4W	1	
C1,C2,C3,C4,C5	コンデンサ	1uF 16/25V　積層セラミック	5	
JP1,JP2	ヘッダピン	6 ピン　両端ロングピン	2	
J1	DC ジャック	ブレッドボード用 DC ジャック	1	
USB シリアル変換ケーブル		FTDI USB シリアル変換ケーブル 3.3V	1	
ブレッドボード		EIC-801	1	
		ブレッドボード用ジャンパワイヤ	1	
AC アダプタ		DC5V 1A	1	
ヘッダピン		8 ピン	1	

アドバイス

Wi-Fi モジュールに 8 ピンのヘッダピンをはんだ付けしてください（長い方をブレッドボード側にしてください）。

参考

ブレッドボード用 DC ジャック DIP 化キット（秋月電子通商）を使用しました。

この場合 AC アダプタは、極性がセンタープラスのものを使用してください。

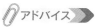
部品が揃ったらブレッドボードで組み立てます。組立図が**図8.3.5**となります。
Wi-Fiモジュールを取り外した状態の図となっていて、モジュールの下に抵抗
などを実装しています。

また、DCジャックの変換基板には、プラスとマイナスが複数のピンに出て
いますので、ショートさせないように注意してください。3端子レギュレータ
は**図8.3.5**の右上の図のように、前から見て入力、GND、出力の順のピン配置
になっていますから、こちらも間違いがないように実装してください。ちょっ
と大型で足が太目なので強く押し込まないとブレッドボードに入りません。

ブレッドボードの上端と下端の青と赤の横ラインはGNDと電源に使ってい
ますので、上と下を連結する必要がありますので、こちらも忘れないようにし
てください。特にGNDはスイッチS1とJP1を経由して連結しています。

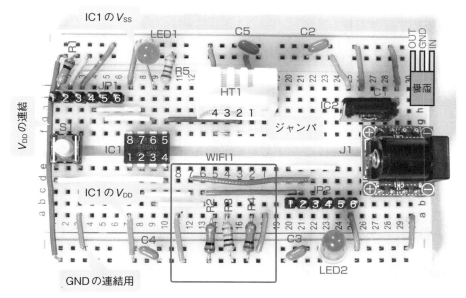

▲ 図 8.3.5　IoT ターミナルの組立図

JP2にUSBシリアル変換ケーブル（FTDI USBシリアル変換ケーブル 3.3V)
を取り付ける際、向きに注意してください。**図8.3.3**の表のように、1番ピンが緑、
6番ピンが黒になります。

これでIoTターミナルの組み立ては完了です。次はプログラムの製作です。

8-4 IoTターミナルのプログラムの製作

8-4-1 MCCの設定

参照

→ 第2章参照
MPLAB Code
Configurator

アドバイス

※1：ここではDド
ライブとしましたが、ド
ライブは読者がお使い
のものに変更してくだ
さい。

アドバイス

※2：クロックは他
と同じ32MHzとしま
す。

参照

※3：内蔵発振器に
は LFINTOSCと
HFINOSCの2種類が
ある。第1章の「1-3-4
クロック」を参照。

ハードウェアが完成したら次はプログラムの製作です。基本の機能は次のようにすることにしました。

・3分間隔で温湿度センサのデータを読み取り、AmbientサーバにWi-Fi経由で送信する。

このプログラムをMCCで製作していきます。

まずMPLAB X IDEを起動してプロジェクトを作成します。プロジェクト名は「IoTAmbient」、フォルダを「D:¥PIC16¥IoTAmbient」[1]とします。プロジェクトの作成からSystem Moduleの設定までの手順は第2章を参照してください。

MCCを起動しSystem Moduleの設定[2]が完了したら、タイマ0とタイマ1、EUSARTモジュールの設定をします。温湿度センサは単線シリアル通信で特殊なので、汎用入出力ピンを使ってプログラムで制御しますから、周辺モジュールの設定はありません。

まずタイマ0の設定で、図8.4.1のように設定します。ここで3分間隔のインターバル割り込みを生成します。3分という長時間タイマなのでクロックにはLFINTOSCという31kHzの内蔵発振器[3]を使い、さらにプリスケーラで1:256を選択すると500秒以上の設定が可能になります。ここで180秒を設定して3分間隔のインターバルとしています。ここは最大8分までの設定が可能ですから、読者の方で任意に変更してください。

▲ 図8.4.1 タイマ0のMCCの設定

次がEUSARTモジュールの設定で**図8.4.2**のように設定します。ここでは通常の調歩同期通信なのですが、115.2kbpsと高速で、しかもいつ受信があるか特定できず、受信データ長も不定なので、割り込みを使い[*1]、さらに受信バッファを32バイトとちょっと多めに確保して受信の取りこぼしを避けるようにしています。

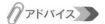

アドバイス

※1：割り込みを使うと、いつ受信データが送られてきても対応して受信できます。

▲ 図 8.4.2　EUSART モジュールの MCC の設定

次がタイマ1の設定です。タイマ1はWi-Fiモジュールへのコマンド送信に対する応答待ちのタイムアウトを検出するためのタイマとして使います。1秒単位のタイムアウトとするため、**図8.4.3**のように1秒のタイマとして設定します。長時間タイマなのでクロックにはLFINTOSCを使い、プリスケーラも最大値の1：8とします。これで最大16秒までのタイマとすることができます。

実際のタイムアウト時間は、プログラムで設定変更して使います。このため、1秒のときのTMR1の設定値を知る必要があります。そこで必要になるのが④の**0xF0DD**という値です。この値から1秒のカウント数は

$$0xFFFF - 0xF0DD = 0xF22 = 3874$$

という値となります。

プログラムでは、「0xFFFF − タイマアウト時間 × 3874」[*2]を求めて、TMR1に設定することで必要なタイムアウトの時間を設定します。

参照

※2：詳細は第5章の「5-1 内蔵タイマの構成と使い方」を参照。

187

▲ 図 8.4.3 タイマ 1 モジュールの MCC の設定

最後に入出力ピンの設定で、[Pin Manager] 窓で図8.4.4のように設定し、[Pin Module] の窓で名称も入力します。センサ用のピンは、入力、出力両方に使いますが、入力ピンとして設定しておきます。

Output	Pin Manager: Grid View ×	Notifications [MCC]							
Package:	SOIC8 ▼	Pin No:	7	6	5	4	3	2	
					Port A ▼				
Module	Function	Direction	0	1	2	3	4	5	
EUSART ▼	RX	input	🔓	🔓	🔓	🔒	🔒	🔓	
	TX	output	🔓	🔓	🔓	🔓	🔒	🔒	
OSC	CLKOUT	output				🔓			
Pin Module ▼	GPIO	input	🔓	🔓	🔒	🔓	🔓	🔓	
	GPIO	output	🔓	🔒	🔓	🔓		🔓	
RESET	MCLR	input				🔒			
TMR0 ▼	T0CKI	input	🔓	🔓	🔓	🔓	🔓	🔓	
	TMR0	output	🔓	🔓	🔓	🔓	🔓	🔓	
TMR1 ▼	T1CKI	input	🔓	🔓	🔓	🔓	🔓	🔓	
	T1G	input	🔓	🔓	🔓	🔓	🔓	🔓	

①TX、RXの設定

②LEDとセンサ

	Easy Setup	Registers								
Selected Package : SOIC8										
Pin Name ▲	Module	Function	Custom Na...	Start High	Analog	Output	WPU	OD	IOC	
RA1	Pin Module	GPIO	LED	☐	☑	☑	☐	☐	none ▼	
RA2	Pin Module	GPIO	SDA	☐	☐	☐	☐	☐	none ▼	
RA4	EUSART	RX		☐	☐	☐	☐	☐	none ▼	
RA5	EUSART	TX	③名称入力	☐	☑	☑	☐	☐	none ▼	

▲ 図 8.4.4 入出力ピンの設定

MCCの設定は以上ですべてですから、[Generate] ボタンをクリックしてコード生成を実行します。

これですべての準備が完了しました。次はmain.cにプログラムを追加記述していきます。

▶ 8-4-2 | IoT ターミナルのプログラム製作

　自動生成されたMCCの関数を使って、main.c内にプログラムを記述していきます。このプログラムでちょっと難しいのは、Wi-Fiモジュールへのコマンド送信と、その応答待ちを処理するところです。応答のタイムアウトも見ながら応答内容のチェックもします。

　まず全体のプログラムフローを**図8.4.5**のようにしました。getResponseはWi-Fiモジュールの応答監視のサブ関数です。

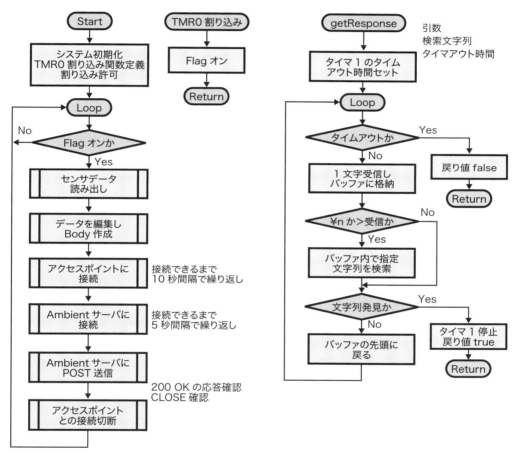

▲図 8.4.5　IoT ターミナルのプログラムフロー

　このフローに従って作成したメイン関数の宣言部と、タイマ0の割り込み処理関数部が**リスト8.4.1**となります。宣言部ではPOSTコマンドのボディ用の文字列定義と、受信バッファ定義、さらにサブ関数のプロトタイピングをしていて、Body変数の数値の部分にセンサの数値を文字に変換して格納します。

　タイマ0の割り込み処理関数ではFlagをセットしているだけです。これで3分ごとにメイン関数が実行されることになります。

189

参考

プログラムは、技術
評論社・書籍案内「改
訂新版 8 ピン PIC マ
イコンの使い方がよく
わかる本」の『本書の
サポートページ』より
ダウンロードできます。
（p.2 の「プログラムリ
ストのダウンロード」
参照）

リスト8.4.1　宣言部と割り込み処理関数部

```
/***********************************************
 *  IoTAmbient
 *     PIC16F18313
 *     ESPWROOM02 ＋温湿度センサ
 *     Ambient 送信
 ***********************************************/
#include "mcc_generated_files/mcc.h"
#include <string.h>

char Body[] =  "\"32.1\",\"d2\":\"45.6\"}\r\n";
char DataByte[5], data[54], Flag, Temp;
uint16_t Temperature, Humidity;
/** 関数プロト **/
bool getResponse(char *word, uint16_t timeout);
void GetSensor(void);
void SendStr(char * Buf);
/********************************
 * タイマ 0 割り込み処理
 ********************************/
void TMR0_Process(void){
    Flag = 1;
}
```

　次がメイン関数の前半部で**リスト8.4.2**となります。まず初期化部ではシステ
ム初期化のあと、タイマ0の割り込みCallback関数の定義をしてから割り込み
を許可しています。

　メインループでは、3分ごとにセットされるFlagをチェックして後の処理を
実行しています。目印のLEDを点灯させてから、POSTデータのボディ部を作
成するため、まずセンサのデータを読み出します。その数値を文字列に変換し
てBody変数の文字列の中に格納します。ここでもsprintfなどの高級関数を使
うとメモリ消費量が大きくなりすぎますので、個々の1桁ごとに文字に変換し
ています。

リスト8.4.2　メイン関数前半部

```
/******** メイン関数 ***************************/
void main(void)
{
    SYSTEM_Initialize();
    // タイマ 0 割り込み Callback 定義
    TMR0_SetInterruptHandler(TMR0_Process);
    // 割り込み許可
    INTERRUPT_GlobalInterruptEnable();
    INTERRUPT_PeripheralInterruptEnable();
    /***** メインループ *****************/
    while (1)
```

```
{
    if(Flag == 1){                                               // 3分ごと
        Flag = 0;
        LED_SetHigh();
        /****** POST データ作成 **********/
        // センサデータ取得 2項目
        GetSensor();
        Humidity = (uint16_t)DataByte[0]*256 + DataByte[1];
        Temperature = (uint16_t)DataByte[2]*256 + DataByte[3];
        // 文字に変換しバッファに格納
        Body[1] = (char)(Temperature / 100) + '0';
        Temperature %= 100;
        Body[2] = (char)(Temperature /10) + '0';
        Body[4] = (char)(Temperature % 10) + '0';
        Body[13] = (char)(Humidity / 100)  + '0';
        Humidity %= 100;
        Body[14] = (char)(Humidity / 10) + '0';
        Body[16] = (char)(Humidity % 10) + '0';
```

Body データ
作成部

次がメイン関数の後半部で**リスト8.4.3**となります。ここではAmbientサーバへのPOSTコマンドの送信を実行しています。まずWi-Fiモジュールの初期設定でステーションモードにします。

次にアクセスポイントとの接続を実行します。アクセスポイントから「GOT IP」という応答が返ってくるまで10秒間隔で繰り返します。アクセスポイントのSSIDとパスワードは読者の環境のものにしてください。

次がAmbientサーバとの接続でIPアドレスとポート番号[1]を指定して接続します。ここでも「CONNECT」という応答が返ってくるまで5秒間隔で繰り返します。

ここまでで接続が完了ですから、次はPOSTコマンドを送信します。まず全体の文字数を指定してから、「>」の応答が返ってきたら、ヘッダ部を送信し、続いてボディ部を送信します。

このときのチャネルIDとライトキーは読者がAmbientに設定した値にしてください。送信を完了したら、Ambientサーバからの応答を待ちます。正常に送信できれば「HTTP1.1/ 200 OK」という応答が返ってきます。これを検出して確認します。さらに「CLOSE」という応答が返ってくればAmbientサーバは正常終了となります。最後にアクセスポイントとの接続を切断して一巡が完了です。

アドバイス
※1：IPアドレス：54.65.206.59
ポート番号：80と決まっています。

191

今回はこれらの応答が返ってこなくてもエラー処理はせず、一定時間後には次に進むようにして省略しています。

リスト 8.4.3　メイン関数後半部

```
/****** Ambient へ送信実行 ************/
        /*** アクセスポイントと接続　****/
        // ESP Initialize
        SendStr("AT+CWMODE=1¥r¥n");                    // ステーションモード
        getResponse("OK"，1);
        do{
            SendStr("AT+CWJAP=¥"Buffalo-G-????¥"，¥"7tb7ksh8i????¥"¥r¥n");
        }while(getResponse("GOT IP"，10)==false);      // GOT IP が返るまで繰り返し
        /** Ambient サーバと接続 **/
        do{
            SendStr("AT+CIPSTART=¥"TCP¥"，¥"54.65.206.59¥"，80¥r¥n");
        }while(getResponse("CONNECT"，5)==false);       // CONNECT になるまで繰り返し
        // TCP で Ambient に POST 送信
        SendStr("AT+CIPSEND=174¥r¥n");                  // 文字数送信
        getResponse(">"，3);                            // OK > 待ち
        SendStr("POST /api/v2/channels/?????/data HTTP/1.1¥r¥n");
        SendStr("Host: 54.65.206.59¥r¥n");
        SendStr("Content-Length: 57¥r¥n");     チャネルID
        SendStr("Content-Type: application/json¥r¥n¥r¥n");
        // Body 送信
        SendStr("{¥"writeKey¥":¥"eaa1c8e15a?????¥"，¥"d1¥":");
        SendStr(Body);                                 // 送信
        getResponse("SEND OK"，3);          ライトキー   // SEND OK 待ち
        // Ambient からの応答待ち
        getResponse("200 OK"，5);                       // HTTP/1.1 200 OK 待ち
        getResponse("CLOSED"，3);                       // CLOSED 待ち
        __delay_ms(500);
        SendStr("AT+CWQAP¥r¥n");                        // AP との接続解除
        getResponse("OK"，3);
        LED_SetLow();
    }
  }
}
```

ラベル（左側）:
- Wi-Fiモジュール初期化
- アクセスポイントとの接続
- Ambient サーバとの接続
- POSTヘッダ部送信
- POSTボディ部送信
- Ambient サーバ処理終了待ち
- アクセスポイントとの接続切断

次はサブ関数部でWi-Fi関連のサブ関数が**リスト8.4.4**となります。

最初のSendStr()関数は単純に文字列をWi-Fiモジュールに出力する関数です。printf文を使うとたくさんのメモリを消費しますので独自関数で送信しています。ここでMCCが生成したEUSART用の関数を使っています。

次の関数getResponse()が、Wi-Fiモジュール自身とAmbientサーバからの応答をチェックする関数で、**図8.4.5**のフローに従って作成しています。最初のタイマ1のタイムアウト時間の設定のところで**図8.4.3**から得た値を使っています。

1文字受信する箇所では0x00のデータを省いて、54バイトの受信バッファとしていますので、最初から52文字だけ格納しますが、残りは改行か「>」文字を受信するまで無視しています。改行か>文字を受信したら受信バッファの中から指定された文字列の検索を実行します。この検索にはstrstr[1]というC言語で用意されている標準関数を使っています。この検索で指定文字列が見つかった場合は正常に応答が返ってきたということですからタイマ1を停止してtrueの戻り値を返します。文字列が検索できずタイムアウトとなった場合はfalseを返します。

アドバイス
※1：string.h のインクルードが必要です。

リスト **8.4.4**　Wi-Fi 関連サブ関数部

```c
/*********************************
 * 文字列送信関数
 *********************************/
void SendStr(char * Buf){
    char* ptr;

    ptr = Buf;                     // ポインタ初期値代入
    while(*ptr != 0){              // 文字が 0 でない場合
        EUSART_Write(*ptr);       // ポインタで文字取り出し送信
        ptr++;                    // ポインタ更新
    }
}
/************************************************
 *   ESP コマンド応答待ち
 *   タイマ1でタイムアウト検出
 *   Timer1 31kHz/8=3875 -> 1sec    Max 16sec
 ************************************************/
bool getResponse(char *word, uint16_t timeout){
    char a, flag;
    uint16_t j;

    j = 0;                                    // インデックスリセット
    flag = 0;                                 // 文字列発見フラグリセット
    TMR1_WriteTimer(0xFFFF-timeout*3874);     // タイマ秒数セット
    TMR1_StartTimer();                        // タイマ1スタート
    PIR1bits.TMR1IF = 0;                      // タイマフラグリセット
    /** 受信実行 ****/
    while(PIR1bits.TMR1IF == 0){              // タイムアップまで繰り返し
        while(EUSART_is_rx_ready() == true){  // 受信データありの場合
            a = (char)EUSART_Read();          // 受信データ取得
            if(a == '\0') continue;           // 0x00 は省く
            data[j] = a;                      // 受信バッファに追加
            if(j<52)                          // 30 文字以上は無視
                j++;                          // 次のバッファへ
            data[j] = 0;                      // 文字列終わりのフラグ
        }
        // 受信データ内検索
```

タイムアウト時間設定 / 1文字受信しバッファに格納

指定文字列の
検索

```
        if(( a == '\n')||(a == '>')){          // 文字列の終わりの場合または>の場合
            if(strstr(data, word) != 0){        // 文字列検索
                flag = 1;                       // 文字列発見フラグオン
                TMR1_StopTimer();               // タイマ1停止
                break;                          // 強制終了
            }
            j = 0;                              // バッファの最初に戻る
        }
    }
    // 戻り値セット
    if(flag == 1)
        return true;                            // 文字列が見つかった場合
    else
        return false;                           // タイムアップの場合
}
```

　最後が温湿度センサの単線シリアル通信のサブ関数で、これは第4章で使ったものと同じですから説明は省略します。

　以上でIoTターミナルのプログラムは完成です。

▶ 8-4-3 ┃ 動作確認

　プログラムも完成しましたから、PICマイコンに書き込みます。書き込み手順は第2章の「2-5 コンパイルと書き込み実行」を参照してください。

📎 **アドバイス** ▶

TeraTermは、よく使われている通信用のソフトです。
なお、本書ではTeraTermのインストール方法、使い方の解説はしていません。ネットなどでお調べください。

　書き込みが完了すればすぐ動作を開始しますが、3分ごとの動作なので気長に進めましょう。まずデバッグをするため、JP2にUSBシリアル変換ケーブルを接続し、パソコンと接続します。パソコン側でTeraTermなどの通信ソフトを使い、115.2kbpsで受信データを表示するようにします。

　これで3分ごとに図8.4.6のようなメッセージが表示されれば正常に動作しています。このメッセージ内容によりWi-Fiモジュールがどのように動作しているかわかりますからデバッグができると思います。この例ではアクセスポイントとは1回でGOT IPの応答があり接続できましたが、Ambientサーバとは1回目の接続はbusyで失敗し2回目でCONNECTとなって正常に接続できたことが分かります。

　さらにAmbientサーバに174バイトのPOSTコマンドを送信後、Ambientが正常に受け付けたときの応答メッセージ「HTTP/1.1 200 OK」を含むメッセージが返送されていることが分かります。

```
COM6:115200baud - Tera Term VT                    □   ×
ファイル(F)  編集(E)  設定(S)  コントロール(O)  ウィンドウ(W)  ヘルプ(H)
AT+CWJAP="Buffalo-G-6370","7tb7ksh8i44bc"
WIFI CONNECTED
WIFI GOT IP
AT+CIPSTART="TCP","54.65.206.59",80
busy p...

OK
AT+CIPSTART="TCP","54.65.206.59",80
CONNECT

OK
AT+CIPSEND=174

OK
>
Recv 174 bytes

SEND OK

+IPD,149:HTTP/1.1 200 OK
x-powered-by: Express
access-control-allow-origin: *
date: Mon, 24 Jan 2022 02:36:05 GMT
connection: close
content-length: 0

CLOSED
AT+CWQAP

OK
WIFI DISCONNECT
```

▲図 8.4.6　受信データ例（TeraTerm を使った例）

このデバッグでは、JP2 ヘッダピンの 2 ピンと 3 ピンの接続を入れ替えることで、PIC マイコンの送信データを表示させることもできます。その例が**図 8.4.7**となります。確かにボディの送信データも正しいことがわかります。

```
ファイル(F)  編集(E)  設定(S)  コントロール(O)  ウィンドウ(W)  ヘルプ(H)
AT+CWMODE=1
AT+CWJAP="Buffalo-G-6370","7tb7ksh8i44bc"
AT+CIPSTART="TCP","54.65.206.59",80
AT+CIPSTART="TCP","54.65.206.59",80
AT+CIPSEND=174
POST /api/v2/channels/44249/data HTTP/1.1
Host: 54.65.206.59
Content-Length: 57
Content-Type: application/json

{"writeKey":"eaa1c8e15a644f94","d1":"19.7","d2":"28.9"}
AT+CWQAP
```

▲図 8.4.7　デバッグ用送信データ例

8-4-4 コンパイラのオプティマイズ

　最新のコンパイラでこのプログラムをコンパイルすると、Output欄に「Launch Complier Advisor」というメッセージが青い行で表示されます。ここをクリックすると図8.4.8のような〔Analyze〕というボタンが表示された画面が出ます。ここで〔Analyze〕ボタンをクリックすると、4通りの方法でコンパイルが行われ、図のようにコンパイラのOptimizeを設定した場合のコードサイズの比較グラフが表示されます。

　これによると、何もしない場合のコードサイズが1894ワードで92%使っているのが、レベル1のOptimizeを設定すると、1645ワード程度までコードサイズが小さくなり、さらにレベル2のOptimizeでは1609ワード程度まで小さくなるという比較です。さらに有償版のコンパイラでは1520ワードまで小さくなるという比較になります。

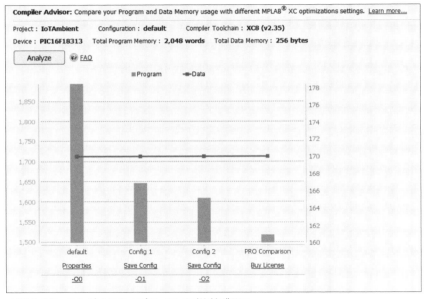

▲図 8.4.8　コンパイラのオプティマイズ比較グラフ

　つまりOptimizeで最適化するとコードサイズを小さくできるということです。これで現状ではほぼメモリを使いきっていますが、Optimizeを設定すればさらに機能を盛り込むことができるということになります。

アドバイス

無償版のOptimaizeは、1と2に制限されています。

　このOptimizeの設定は、MPLAB X IDEの［Project Properties］のダイアログで、図8.4.9のようにすれば設定できます。

　まず左側の窓で①「XC8 Compiler」を選択、次に右側の上欄で②［Option categories］で「Optimizations」を選択、さらに下の窓で③［Optimization level］欄で「1か2」を入力して〔Apply〕後OKとすればOptimizeの設定ができます。このあとコンパイルすれば上記のようなコードサイズとすることができます。

　ただし、Optimizeすると最適化によりソースコードが表示されているソース
リスト通りにはならなくなるので、実機デバッグはまず不可能になります。

▲図 8.4.9　Optimize の設定方法

8-5 グラフ設定方法とインターネット公開

Ambientにデータを送信できたら、それをグラフにして表示するための設定方法を説明します。まずAmbientへのユーザ登録方法から説明します。

▶ 8-5-1 │ Ambientへのユーザ登録方法

ユーザ登録はいたって簡単です。まず次のURLでAmbientのウェブ画面を開きます。

　　　https://ambidata.io/

図8.5.1の画面が開きますから、ここでメールアドレスと任意のパスワードを入力して登録ボタンをクリックするだけです。これで無料会員として登録したことになります。

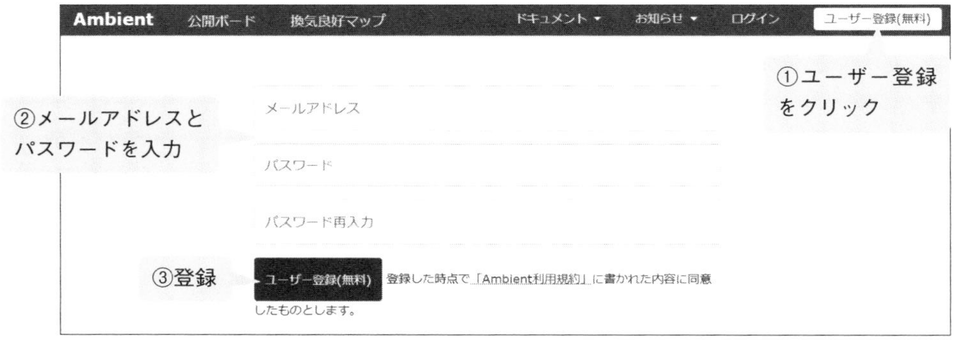

▲ **図8.5.1　ユーザ登録画面**

▶ 8-5-2 │ Ambientへのチャネル追加方法

アドバイス
※1:すでにひとつのチャネルを作成しています。

アドバイス
※2:図8.5.7のPOSTメッセージの中に記述します。

アドバイス
※3:CSV形式でダウンロードされるので、Excelで開くことができます。

Ambientに登録した後のログイン画面でログインします[1]。すると**図8.5.2**のような画面になります。ここで最初に「チャネルを作る」ボタンをクリックしてチャネルを生成します。これで自動的にチャネルIDとリードキー、ライトキーが生成されます。このIDとキーはPICから送信する際にPOSTデータの中で必要[2]となります。

ダウンロードアイコンをクリックすると、蓄積されているデータを一括でダウンロード[3]できます。データ削除アイコンをクリックすると蓄積データを一括削除します。

左端の名称をクリックするとグラフ画面に移動しますが、その前にグラフ作成には、右端のメニューで「設定変更」をクリックします。

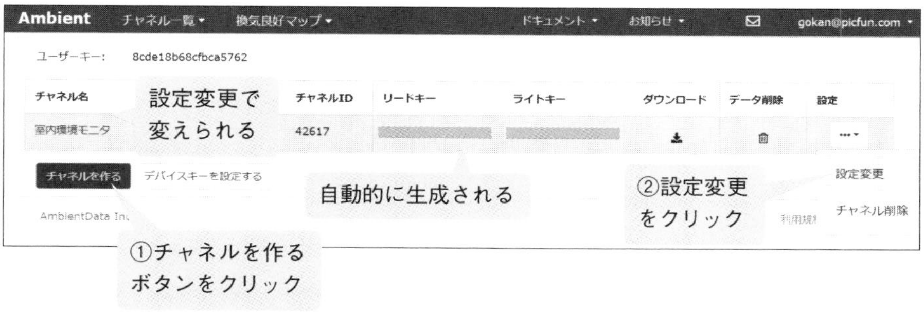

▲図8.5.2　チャネルメニュー

　これで図8.5.3の画面となりますから、ここでチャネルの基本的な設定を行います。チャネルの名称とグラフ化するデータの名前と色を設定します。

　図のようにチャネルごとに最大8個のデータを扱うことができます。さらに測定場所の位置を指定したいときは緯度と経度を入力します。これで地図上に位置がプロット表示されます。

　最後に一番下にある「チャネル属性を設定する」ボタンをクリックすれば設定が適用されます。

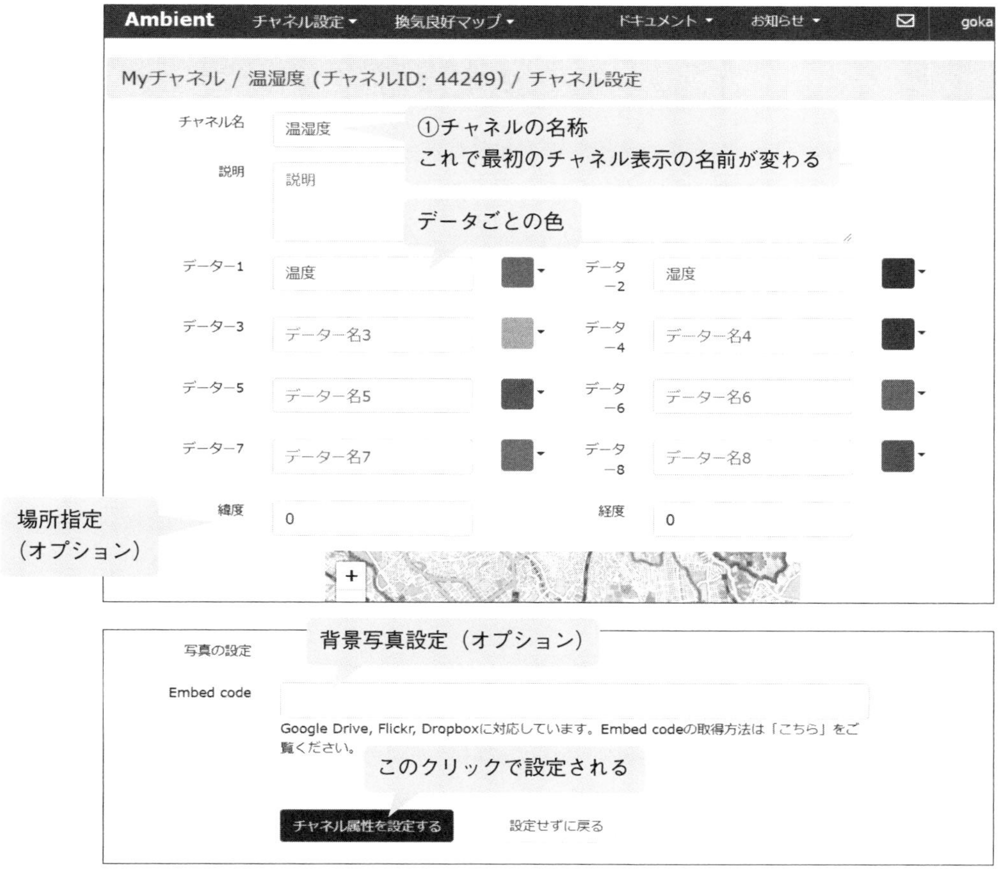

▲図8.5.3　チャネルの基本設定

これでチャネル一覧画面に移動後、チャネル名称をクリックするとグラフ画面に移動します。まだグラフはないですから白紙の画面になります。移動したら一番上にある**図8.5.4**のように、①グラフ追加のアイコンをクリックし、表示されるドロップダウンで、②の「**チャネル/データ設定**」の部分をクリックします。

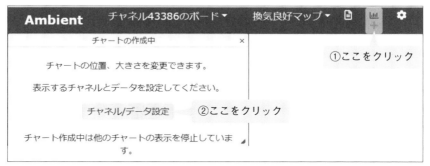

▲ 図 8.5.4　グラフ作成開始

これで**図8.5.5**のグラフの設定画面となりますから、必要な設定を行います。ここでは、温度、湿度の2項目ありますが、両者を一つの縦軸で表示します。縦軸の値が大きく異なる場合は、左右に縦軸を分けて表示させることもできます。

グラフの見出しの名称を①で入力し、②でグラフの種類を指定します。種類は図の右上のようなドロップダウンリストから選択できます。次に③のように8個のデータの内、どのデータをグラフにするか、左右の縦軸のどちらを使うかを指定します。線の色は前の**図8.5.3**で指定したものとなります。

続いて④で縦軸の表示範囲の値を指定します。補助線が自動的に表示されます。⑤はグラフとして表示する横軸のプロット数で、最大は6000です。これは後から表示されたグラフで任意の値に変更できますから、適当な値で大丈夫です。最後に⑥「設定する」ボタンをクリックすれば完了で実際にグラフ画面が表示されます。

データがない場合は補助線だけの表示となりますが、データが追加されると自動的にグラフ描画が実行され、リアルタイムで更新されていきます。

これで温湿度のグラフができましたから、グラフが表示されることになります。グラフのサイズや位置はドラッグドロップで自由にできます。

実際に数日間室内に放置した後のIoTターミナルのグラフが**図8.5.6**となります。データ数が多くなって見にくくなったときは、右上のプロット数を小さくすると拡大表示され、左右の矢印でグラフを前後に移動させることができるようになります。

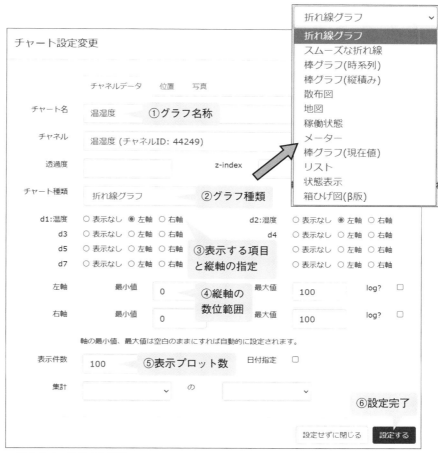

▲図 8.5.5　グラフの設定

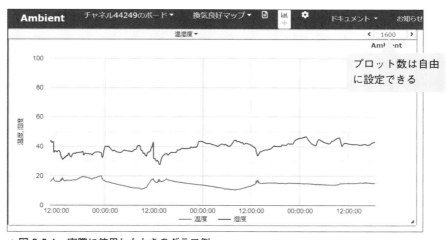

▲図 8.5.6　実際に使用したときのグラフ例

　以上でIoTターミナルの完成です。データを蓄積して簡単にグラフ化できますから、いろいろな応用ができそうです。

▶ 8-5-3 │ インターネットへの公開

作成したチャネルのグラフをインターネットに公開することができます。

手順は簡単で図8.5.7のようにします。公開したいグラフを表示している画面で、①歯車のアイコンをクリックします。すると下側の設定画面になりますから、ここで②ボード名と説明を任意に入力します。その後、③公開ボードにチェックを入れると公開されます。グループなどでデータをシェアする場合などに使うことができます。

実際に公開ボードを特定して見るには、次のようにURLに公開ボードIDを追加すれば見ることができます

```
https://ambidata.io/bd/board.html?id=34362
```

▲ 図 8.5.7　公開の設定手順

参考文献

・"PIC16(L)F18313/18323 Data Sheet"，DS40001799F
（Microchip Technology Inc.）

・「Wi-Fi-UART シリアルモジュール」マイクロテクニカ
（http://www.microtechnica.tv/support/manual/espwroom02jp_man.pdf）

部品の入手先

　本書で製作に使った部品の主な入手先は下記となっています。

　なお本書に掲載した部品の写真、情報は、本書の執筆・製作時（2022年11月〜12月）のものです。変更・終売になっていることがありますので、各店のwebサイト、HPにて最新の情報をご確認ください。

　また、通信販売での購入方法、営業日、休業日、定休日も、各店のwebサイト、HPでご確認ください。

（株）秋月電子通商

秋葉原店：　　　　〒101-0021 東京都千代田区外神田1-8-3 野水ビル1F

　　　　　　　　　TEL：03-3251-1779

　営業日、定休日、休業日、通販での注文・購入方法等に関しまして、下記URLのホームページにてご確認ください。

ホームページ：https://akizukidenshi.com/

【入手可能部品（通販可）】

各種工作キット、電子工作関連商品、工具、液晶表示器、抵抗、コンデンサ、セラミック振動子、PICマイコン各種、オペアンプIC、PICプログラマキット、ACアダプタ、ピンヘッダ、電池ボックス、ブレッドボード、ブレッドボード・ジャンパーワイヤ、micro:bit、Arduino、Raspberry Pi 他

サトー電気

町田店：　　　　　〒194-0022 東京都町田市森野1-35-10

　　　　　　　　　TEL：042-725-2345　　　FAX：042-725-2345

横浜店：　　　　　〒222-0035 横浜市港北区鳥山町929-5-102

　　　　　　　　　TEL：045-472-0848　　　FAX：045-472-0848

川崎店（通販）：〒210-0001 川崎市川崎区本町2-10-11

　　　　　　　　　TEL：044-222-1505　　　FAX：044-222-1506

　営業日、定休日、休業日、通販での注文・購入方法等に関しまして、下記URLのホームページにてご確認ください。

ホームページ：http://www.maroon.dti.ne.jp/satodenki/

【入手可能部品（通販可）】

半導体部品各種、プリント基板自作パーツ、ケース、クリスタル振動子、コネクタ、抵抗、コンデンサ、小物パーツ、オペアンプIC、デジタルIC 他

（株）千石電商（せんごくネット通販）

秋葉原本店：　〒101-0021 東京都千代田区外神田1-8-6 丸和ビル B1-3F

　　　　　　　・店舗：03-3253-4411

　営業日、定休日、休業日、通販での注文・購入方法等に関しまして、下記URLのホームページにてご確認ください。

ホームページ：https://www.sengoku.co.jp/

【入手可能部品（通販可）】

PICマイコン、センサー、RCサーボ、モータ、基板、工具、抵抗、コンデンサ、小物部品、リチウムイオン電池、エレキット、ブレッドボード、ブレッドボード・ジャンパーワイヤ、micro:bit、Arduino、Raspberry Pi 他

（株）ストロベリー・リナックス

　営業日、休業日、通販での注文・購入方法等に関しまして、下記URLのホームページにてご確認ください。

ホームページ：https://strawberry-linux.com/catalog/

【入手可能部品（通販）】

I2C液晶モジュール、I2C対応製品、LEDドライバ、電流・電圧・電力計モジュール、有機ELモジュール、太陽電池、加速度センサモジュール、各種センサ、モータ関連、PIC関連、AVR、Arduino 他

スイッチサイエンス

　営業日、休業日、通販での注文・購入方法等に関しまして、下記URLのホームページにてご確認ください。

ホームページ：https://www.switch-science.com/

【入手可能部品（通販）】

Wi-Fiモジュール、入門・学習・実験キット、組み立てキット、ブレッドボード、ジャンパーワイヤ、マイコンボード、液晶モジュール、micro:bit、Arduino、Raspberry Pi 他

索引

数字

3 軸加速度センサ …… 162
3 端子レギュレータ …… 32、33、94

欧文

A/D コンバータ …… 158
AC アダプタ …… 32
ALU …… 16
Ambient …… 174、177
ANSELA レジスタ …… 74
ASCII …… 98
AT コマンド …… 178
Bank …… 18
BOR …… 29、30
BSR レジスタ …… 18
Callback 関数 …… 54
C コンパイラ …… 35
DIP …… 12、127
EIA …… 140
ESR …… 20
EUSART …… 140、141
Generate …… 43
GPS 受信モジュール …… 145、147
I/O pin …… 70
I²C 通信 …… 88
ICSP …… 22、23、58
IDE …… 34
INLVLA レジスタ …… 75
IoT ターミナル …… 174
JSON 形式 …… 178
LDO …… 32
LVP …… 49、50
main 関数部 …… 52
MCC …… 34、36、38、42
MCLR …… 22
MPLAB SNAP …… 37
MPLAB X IDE …… 34、42
MPLAB XC C コンパイラ …… 34
MSSP …… 91

NMEA …… 147
ODCONA レジスタ …… 75
PIC …… 12
PIC16F18313 …… 13、14、68
PIC16F1 ファミリ …… 12、16
PIC16LF …… 21
PICkit4 …… 37
POST コマンド …… 178
ppm …… 124
RTC …… 124
SCL …… 88、89
SDA …… 88、89
SFR …… 68
SLRCCONA レジスタ …… 75
sps …… 159
USART …… 141
USB シリアル変換ケーブル …… 182
WDT …… 49
Wi-Fi モジュール …… 174、180
Wi-Fi ルータ …… 174
WPUA レジスタ …… 74
WREG …… 16

ア行

アクノリッジ信号 …… 89
アセンブラ …… 19
ウェイクアップ …… 21
ウォッチドッグタイマ …… 25
液晶表示器 …… 96
オーバーランエラー …… 142
オープンドレイン構成 …… 75
オブジェクトファイル …… 56
オペアンプ …… 127
温湿度センサ …… 95、174

カ行

加速度センサ …… 164
クリスタル発振子 …… 25
グレーアウト …… 62

クロック ……………………………… 24、49
コアレジスタ領域 ………………… 18、19
コールドスタート …………………… 147
コンパイル ……………………………… 56
コンパレータ …………………………… 117
コンフィギュレーション ……… 23、24、27、49

サ行

最適化機能 ……………………………… 35
作業用レジスタ ………………………… 16
サブ関数部 ……………………………… 52
サンプルホールド回路 ………………… 158
周波数カウンタ ………………………… 124
周辺モジュール ………………………… 16
スタートアップシーケンス …………… 29
スタートビット ………………………… 140
スタック ………………………………… 26
ストップビット ………………………… 140
スルーレート …………………………… 75
スレーブ ………………………………… 88
スレッショルド電圧 …………………… 72
セラミック発振子 ……………………… 25
宣言部 …………………………………… 52
全二重 …………………………………… 140

タ行

タイマ …………………………………… 116
タイマ 0 の内部構成と動作 ………… 116
タイマ 1 の内部構成と動作 ………… 119
タイマ 2 の内部構成と動作 ………… 122
タクトスイッチ ………………………… 79
単線シリアル通信 ……………………… 95
逐次比較型 ……………………………… 158
低ドロップタイプ ……………………… 32
デバッグ ………………………………… 62
電源の供給方法 ………………………… 31
伝送制御手順 …………………………… 140
電池ボックス …………………………… 80
トーテンポール構成 …………………… 75

ナ行・ハ行

内蔵プルアップ ………………………… 76
パーティーライン構成 ………………… 88
ハイインピーダンス状態 ……………… 23

ハイスピード USB ……………………… 36
バイト処理命令 ………………………… 18
バイパスコンデンサ ………………… 29、73
パスコン ……………………………… 28、29
バックライト …………………………… 96
パワーアップタイマ …………………… 26
バンク …………………………………… 18
半二重 …………………………………… 140
ヒステリシス特性 ……………………… 73
ブラウンアウトリセット …………… 29、30
プラグイン ……………………………… 36
プルアップ ……………………………… 48
プルアップ抵抗 ………………………… 71
フルカウント …………………………… 116
フルスイング …………………………… 128
ブレークポイント ……………………… 64
ブレッドボード …………………… 12、78、94
フレミングエラー ……………………… 142
プログラムカウンタ ………………… 17、26
プロジェクト …………………………… 44
ヘッダピン ……………………………… 78
ホットスタート ………………………… 147
ボーレート ……………………………… 140

マ行

マスタ …………………………………… 88
マルチプレクサ ………………………… 119

ラ行・ワ行

ライトキー ……………………………… 178
リアルタイムクロックモジュール ………… 124、127
リスタート動作 ………………………… 26
リセット ………………………………… 26
リセットピン …………………………… 22
レギュレータ …………………………… 32
論理演算ユニット ……………………… 16
ワーキングレジスタ …………………… 18

■ 著者略歴

後閑哲也 Tetsuya Gokan

1947 年	愛知県名古屋市で生まれる
1971 年	東北大学工学部応用物理学科卒業
1996 年	ホームページ「電子工作の実験室」を開設
	子供の頃からの電子工作の趣味の世界と、仕事としているコンピュータの世界を融合した遊びの世界を紹介。
2003 年	有限会社マイクロチップ・デザインラボ設立
	「改訂新版 電子工作の素」、「C 言語による PIC プログラミング大全」、「逆引き PIC 電子工作やりたいこと事典」、「電子工作のための Node-RED 活用ガイドブック」他。

Email gokan@picfun.com
URL http://www.picfun.com/

カバーデザイン ◆ 小島トシノブ（NONdesign）
カバーイラスト ◆ 大崎吉之
本文・帯イラスト ◆ 田中斉
本文デザイン・組版 ◆ SeaGrape

かいていしんぱん
改訂新版

8ピンPICマイコンの使い方がよくわかる本
つか かた
ほん

2023 年 2 月 28 日 初 版 第 1 刷発行

著 者 後閑哲也
発行者 片岡 巌
発行所 株式会社技術評論社
東京都新宿区市谷左内町 21-13
電話 03-3513-6150 販売促進部
03-3267-2270 書籍編集部
印刷／製本 昭和情報プロセス株式会社

定価はカバーに表示してあります。

造本には細心の注意を払っておりますが、万一、乱丁（ページの乱れ）や落丁（ページの抜け）がございましたら、小社販売促進部までお送りください。送料小社負担にてお取り替えいたします。

ISBN978-4-297-13290-3 C3055

Printed in Japan

■お願い
　本書に関するご質問については、本書に記載されている内容に関するもののみとさせていただきます。本書の内容と関係のないご質問につきましては、一切お答えできませんので、あらかじめご了承ください。また、電話でのご質問は受け付けておりませんので、FAX か書面にて下記までお送りください。
　なお、ご質問の際には、書名と該当ページ、返信先を明記してくださいますよう、お願いいたします。

宛先：〒 162-0846
東京都新宿区市谷左内町 21-13
株式会社技術評論社　書籍編集部
「改訂新版 8 ピン PIC マイコンの使い方がよくわかる本」係
FAX：03-3267-2271

　ご質問の際に記載いただいた個人情報は、質問の返答以外の目的には使用いたしません。また、質問の返答後は速やかに削除させていただきます。

■ご注意
　本書に掲載した回路図、プログラム、技術を利用して製作した場合生じた、いかなる直接的、間接的損害に対しても、弊社、筆者、編集者、その他製作に関わったすべての個人、団体、企業は一切の責任を負いません。あらかじめご了承ください。